H. J. Blaß, M. Frese

Dauerhaftes Laubrundholz für Holzbauwerke

Grundlagen für die Bemessung

Titelbild: Robinienquerschnitt, Rundholz der Edelkastanie,
Lasteinleitung eines Druckversuchs

BAND 27
Karlsruher Berichte zum Ingenieurholzbau

Herausgeber
Karlsruher Institut für Technologie (KIT)
Holzbau und Baukonstruktionen
Univ.-Prof. Dr.-Ing. Hans Joachim Blaß

Dauerhaftes Laubrundholz für Holzbauwerke

Grundlagen für die Bemessung

Gefördert vom Ministerium für Ländlichen Raum und Verbraucherschutz Baden-Württemberg und von der Europäischen Union durch Mittel des Europäischen Fonds für regionale Entwicklung

H. J. Blaß
M. Frese

Karlsruher Institut für Technologie (KIT)
Holzbau und Baukonstruktionen

investition in
Ihre Zukunft!

Scientific Publishing

Forschungsberichte, Karlsruher Institut für Technologie (KIT)
Fakultät für Bauingenieur-, Geo- und Umweltwissenschaften 2013

Impressum

Karlsruher Institut für Technologie (KIT)
KIT Scientific Publishing
Straße am Forum 2
D-76131 Karlsruhe
www.ksp.kit.edu

KIT – Universität des Landes Baden-Württemberg und
nationales Forschungszentrum in der Helmholtz-Gemeinschaft

KIT Scientific Publishing 2013
Print on Demand

ISSN 1860-093X
ISBN 978-3-7315-0062-9

Vorwort

Im Rahmen des Operationellen Programms für das Ziel „Regionale Wettbewerbsfähigkeit und Beschäftigung" wurde die Richtlinie des Ministeriums für Ländlichen Raum und Verbraucherschutz zur Förderung des Clusters Forst und Holz in Baden-Württemberg erlassen. Zuwendungen aus dieser Förderung sollen die effektive Nutzung von Holz steigern und zugleich die Vernetzung zwischen Unternehmen und Forschungseinrichtungen stärken. Unter dieser Richtlinie haben die Albert-Ludwigs-Universität Freiburg – Institut für Forstbenutzung und Forstliche Arbeitswissenschaft, die Forstliche Versuchs- und Forschungsanstalt Baden-Württemberg, die HECO-Schrauben GmbH & Co. KG in Schramberg und das Karlsruher Institut für Technologie (KIT) – Holzbau und Baukonstruktionen ein Forschungsprojekt zur baulichen Verwendung von dauerhaften Laubrundhölzern initiiert und zum Abschluss gebracht. Im vorliegenden Forschungsbericht sind die Projektergebnisse zusammengefasst, die die Arbeiten des Karlsruher Instituts für Technologie betreffen. Ein besonderer Dank gilt Herrn Dipl.-Ing. Andy Böhringer, der mit seiner Diplomarbeit in vorbildlicher Weise bei Versuchsdurchführungen und -auswertungen im Projekt mitgewirkt hat.

Hans Joachim Blaß

Inhaltsverzeichnis

1 Einleitung

In der Vergangenheit spielte Rundholz in seiner natürlich gewachsenen Form von jeher eine Rolle im Bauwesen und in der Industrie, wenn vor allem wirtschaftlich-technische Erfordernisse im Vordergrund standen und nicht architektonisch-ästhetische Aspekte. Bekannt sind die Trierer Römerbrücken, deren Flusspfeiler auf Holzpfählen gegründet wurden, und die industrielle Massenverwendung von Grubenrundholz im Bergbau. In beiden Fällen machte man sich die hohe axiale Tragfähigkeit zunutze, die Rundholz in seiner ursprünglichen Form aufweist. Bis heute ist die bauliche Verwendung von Rundholz üblich. Es gibt die in sich geschlossene Regelung zwischen den Normen DIN 4074-2 [1] und DIN 1052 [2], die die Sortierung von Rundholz bzw. den Entwurf und die Bemessung von Holzbauwerken betreffen; DIN 4074-2, gültig seit 1958, teilt von Bast und Borke befreites Rundholz in Güteklassen ein, denen nach DIN 1052 Festigkeitsklassen zugeordnet sind. Ohne diesen Zusammenhang wäre die Verwendung von Rundholz in tragenden Konstruktionen in Deutschland baurechtlich nicht ohne weiteres möglich gewesen. Nach wie vor werden beispielsweise in DIN 21320 [3] die Gütebedingungen von Grubenrundholz festgelegt und in EN 12699 [4] Grundsätze für die Herstellung von Verdrängungspfählen aus Holz geregelt. Jedoch werden in diesen beiden Bereichen in Deutschland mittlerweile wirtschaftlich unbedeutende Mengen Rundholz verbaut. Eine knapp gehaltene Literaturrecherche zeigt, dass es in der jüngeren Vergangenheit bis heute Forschungsaktivitäten auf dem Gebiet der baulichen Verwendung von natürlich gewachsenem Rundholz gibt, die zum Ziel haben, solches Rundholz verstärkt für den Hochbau zu verwenden. Neben Arbeiten, die einen umfassenden Einblick in das Thema der baulichen Rundholzverwendung geben [5]-[7], gibt es auch solche, die sich speziell mit den Möglichkeiten der Verbindungstechnik befassen [8]-

[14], und solche, in denen über Tragfähigkeitsversuche an natürlich gewachsenem Rundholz berichtet wird [15]-[17]. Einige Arbeiten bespre-
chen Fallstudien über Rundholzprojekte und neuere Rundholzbau-
werke, die in die Nutzung übergegangen sind [18]-[26]. Die aufgeführ-
ten Arbeiten zeigen insbesondere das Potenzial von Nadelrundholz in
natürlich gewachsener, aber auch in zylindrischer, mit Maschinen bear-
beiteter Form. An dieser Stelle möchte das Forschungsprojekt anknüp-
fen und einige neue Aspekte beleuchten, wobei das Umfeld durch folgende Randbedingungen gekennzeichnet ist. Im Zuge von Durchfors-
tungsmaßnahmen erbringt die Bewirtschaftung des deutschen Waldes
in gewissem Umfang schwaches Stammholz, das in der Regel zu Brenn-
holz verarbeitet wird. Darin enthalten sind auch dauerhafte Holzarten
wie Stieleiche, Edelkastanie und Robinie. Diese schwachen Rundhölzer
könnten grundsätzlich ohne größere Bearbeitung und technische
Trocknung als wirtschaftliches Material in tragenden, frei bewitterten
Konstruktionen verwendet werden. Der Nutzen läge dann in der Be-
wahrung von Holz und sehr wahrscheinlich in einer erhöhten Wert-
schöpfung. Eine bauliche Verwendung setzt Kriterien für die Sortierung
bzw. Grenzen für die Abweichung von der idealen zylindrischen Form
voraus. Ebenso müssen Kennwerte für die Tragfähigkeit und die Bemessung von Verbindungen vorliegen. Hier setzt das Projekt konkret an. Mit
einem bildgebenden Verfahren auf Grundlage der Computertomogra-
phie wird für natürlich gewachsenes Rundholz der Holzarten Stieleiche,
Edelkastanie und Robinie der räumliche Verlauf der tragenden Holzsubstanz, Kern und Splint umfassend, konstruiert, um die die Tragfähigkeit
kennzeichnenden geometrischen Einflussgrößen zu benennen. Ergebnisse von 105 Druckversuchen an Rundholzstäben der drei Laubhölzer
beschreiben das Tragfähigkeitsspektrum, das grundsätzlich bei diesen
Laubhölzern der untersuchten Dimensionen zur Verfügung steht. Die
Druckversuche sind zugleich die experimentelle Grundlage für eine
Tragfähigkeitsvorhersage. Gezielte Ausziehversuche mit Vollgewindeschrauben und Zugversuche an einem Prototyp eines Zugstoßes zwischen natürlich gewachsenen Stammabschnitten, bei dem modulare

und robuste Entwurfskriterien berücksichtigt sind, zeigen punktuell konstruktive Möglichkeiten auf, die zum Beispiel den Bau von Fachwerkkonstruktionen (Bild 1-1) aus natürlich gewachsenem Rundholz weiter realistisch erscheinen lassen. Das Forschungsprojekt ist die Fortsetzung einer von den Verfassern durchgeführten Studie über die Drucktragfähigkeit natürlich gewachsener Robinienstammabschnitte [27] und zugleich eine breiter angelegte Untersuchung, die auf dem Gebiet der Verwendung von natürlich gewachsenem Rundholz weiteren Forschungsbedarf benennen möchte.

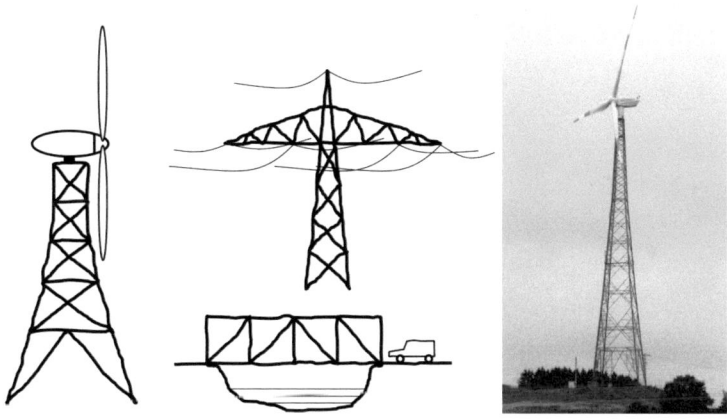

Bild 1-1   *Visionen von Fachwerkkonstruktionen aus Rundholz (links) und Turm einer Windenergieanlage als räumliches Fachwerk in Stahlbauweise an der A7 bei der Ausfahrt Malsfeld (rechts)*

2 Material und Methoden

2.1 Stammabschnitte der Laubhölzer

Im Herbst 2010 wurden 32 Edelkastanien (Castanea sativa Mill.) und im Frühjahr 2011 23 Stieleichen (Quercus robur L.) und 16 Robinien (Robinia pseudoacacia L.) für die im Forschungsprojekt geplanten Untersuchungen gefällt. Der Standort der Edelkastanien war Oberkirch (Schwarzwald), derjenige der Stieleichen und Robinien lag am Rhein in der Nähe von Freiburg im Breisgau. Der Brusthöhendurchmesser der Bäume betrug 20 bis 40 cm. Es wurden nur solche Bäume ausgewählt, deren Stämme bzw. Stammabschnitte der Gestalt nach Anforderungen an tragende Bauteile erfüllen könnten, soweit dies die Beurteilung am stehenden Baum zuließ. Nur wenige Tage nach dem Fällen wurden die Stämme in einzelne Stammabschnitte geteilt. Dabei erwiesen sich manche Stämme als nicht geeignet, anderen hingegen ließen sich in ein bis zwei und in einem Fall sogar in drei brauchbare Abschnitte unterteilen. Diese Abschnitte wiesen eine Ausgangslänge von mindestens 5000 mm auf. Auf diese Weise wurden 54 Abschnitte aus 29 Edelkastanien, 30 aus 23 Stieleichen und 21 aus 16 Robinien realisiert. Auf die Abschnitte der Edelkastanien entfallen die Versuchsnummern 1 bis 54, auf diejenigen der Stieleichen die Nummern 55 bis 84 und auf diejenigen der Robinien die Nummern 85 bis 105. In Diagrammen des Anhangs sind die Stammabschnitte neben der Versuchsnummer mit dem Kurzzeichen nach DIN 13556 [28] (QCXE: Stieleiche, CTST: Edelkastanie und ROPS: Robinie) benannt, gefolgt von der Stamm- und Abschnittsnummer. Die Abschnittsnummer 1 kennzeichnet stets Erdstämme und höhere Abschnittsnummern Mittelstämme bzw. Zopfstücke.

2.2 Computertomographische Untersuchung

Ziel der computertomographischen Untersuchung der über 5000 mm langen Stammabschnitte war unter anderem die Ermittlung der Konturfläche, die sich zwischen dem Splintholz und dem Bast bzw. der Borke befindet. Diese Röntgenuntersuchung wurde mit dem an der Forstlichen Versuchs- und Forschungsanstalt Baden-Württemberg betriebenen Computertomographen durchgeführt. Die vorgenannte Konturfläche beschreibt aus statischer Sicht die dreidimensionale Form der tragenden Holzsubstanz. Die Art und Weise der ursprünglich durch Röntgen gewonnenen Daten, die in Form von x-, y- und z-Koordinaten die Konturfläche in ausreichend fein diskretisierter Form beschreiben, ist in der diesem Forschungsprojekt vorausgegangenen Studie erläutert [27]. Alle nachfolgend dargestellten geometrischen Daten und daraus abgeleitete Flächenwerte beruhen auf diesen kartesischen Koordinaten.

2.3 Versuche an Druckstäben und Druckprüfkörpern

Das Ziel der Druckversuche war die Ermittlung der Tragfähigkeit eines langen Druckstabes, der in seiner natürlichen Form Teil eines ebenen bzw. räumlichen Fachwerks sein könnte, und die Ermittlung der Druckfestigkeit eines kurzen, nicht knickgefährdeten Druckprüfkörpers für Vergleichszwecke. Der Druckstab und der Druckprüfkörper stammten daher jeweils aus demselben Stammabschnitt. Die 105 Stammabschnitte wurden dazu in einen schlanken Druckstab (Index 1) und einen gedrungenen Druckprüfkörper (Index 2) unterteilt. Diese Unterteilung zeigt die Grafik in Bild 2-1. Die Druckstäbe besaßen stets eine Länge von 4350 mm, die Länge der Druckprüfkörper lag zwischen 400 und 500 mm. An beiden Enden der Druckstäbe wurden zur beidseitigen gelenkigen Lasteinleitung Kugelschalen (für Kugelabschnitte mit einem

Kugeldurchmesser von 300 mm) im geometrischen Schwerpunkt (im Folgenden Schwerpunkt) der beiden Stirnflächen montiert. Ein durch Kugelschale und Kugelabschnitt realisiertes Gelenk zeigt Bild 2-2. Nachmessungen ergaben, dass die visuelle Urteilskraft ausreichte, um die Gelenkpunkte mit dem Schwerpunkt der Stirnflächen in Übereinstimmung zu bringen. Die Stirnflächen der Stäbe und die zugewandten Scheitel der Kugelabschnitte wiesen einen Abstand von 80 mm auf. Die Knicklänge betrug daher 4810 mm (4350 + 300 + 160). Die Kontaktflächen zwischen den Schalen und Kugelabschnitten wurden vor jedem Versuch mit Schmiermittel bestrichen, um ein reibungsarmes Verdrehen in den Gelenken zu ermöglichen. Die Druckstäbe wurden in der Regel über ihre Tragfähigkeit ($F_{c1,max}$) hinaus belastet, dabei jedoch nicht mehr als 35 mm zusammengedrückt. Die Druckprüfkörper wurden ebenfalls über ihre Tragfähigkeit ($F_{c2,max}$) hinaus zentrisch belastet. Die dafür eingesetzte Prüfmaschine besaß eine starre untere und eine gelenkig gelagerte obere Lastplatte. Beide Arten von Druckversuchen wurden als Kurzzeitversuche durchgeführt, wobei die Tragfähigkeit im Mittel in 300 s erreicht war. Nach den Versuchen wurden an den in Bild 2-1 gekennzeichneten Stellen der Stammabschnitte zwei 50 mm dicke Baumscheiben entnommen und daraus jeweils drei Quader für die Ermittlung der Feuchtdichte (ρ_u) und der Holzfeuchte (u) ausgeschnitten. Die mit A gekennzeichneten Quader sollten Aufschluss über die physikalischen Eigenschaften des Holzes der äußeren Jahrringe (Lage = A) und die mit B gekennzeichneten über diejenigen der inneren Jahrringe (Lage = B) geben. Die Stelle für die Baumscheibe des Druckstabs (Scheibe = 1) lag stets außerhalb des Bereichs, der durch das Biegedruckversagen zerstört wurde. Die für den Druckprüfkörper vorgesehene Baumscheibe (Scheibe = 2) lag außerhalb des Prüfkörpers, jedoch im nahe angrenzenden Bereich.

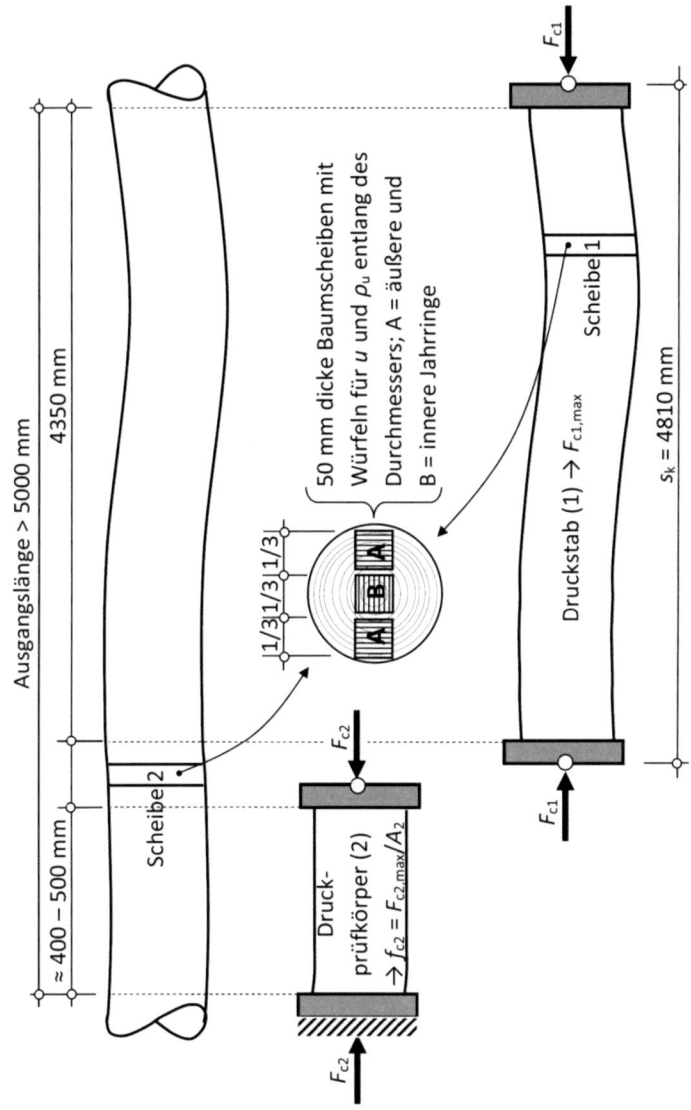

Bild 2-1 Herstellung der Druckstäbe, Druckprüfkörper und Baumscheiben aus den Stammabschnitten

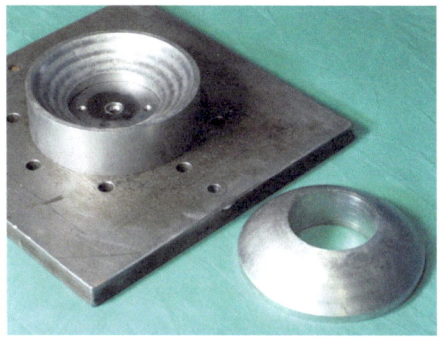

Bild 2-2   Lagerteile für die Druckstäbe: Kugelschale (links) und dazu passender Kugelabschnitt (rechts)

2.4   Verbindungen

2.4.1   Ausziehversuche mit Vollgewindeschrauben

Für die Ausziehversuche, in Bild 2-3 schematisch dargestellt, wurden Vollgewindeschrauben verwendet, die vom Projektpartner eigens für das Projekt hergestellt wurden. Die Schrauben bestanden aus nichtrostendem austenitischem Chrom-Nickel-Stahl mit Kupferzusatz (Werkstoff-Nr. 1.4567 nach EN 10088-3 [29]). Die Wahl dieses Stahls, dessen Hauptanwendung unter anderem in der Schraubenherstellung liegt, war hinsichtlich der Ausführung und der Stahlfestigkeiten eine praxisnahe Materialentscheidung. Anhand der Ausziehversuche können jedoch keine Erkenntnisse über die Korrosionsbeständigkeit dieser Schrauben in den drei Holzarten, die teilweise hohe Holzfeuchten aufwiesen, gewonnen werden. Die Schrauben mit Flach-Senk-Kopf entsprechen dem Typ HECO-Topix in Übereinstimmung mit ETA-11/0284 [30]. Sie wurden mit einem Nenndurchmesser von 8 mm und in den Längen von 100 und 140 mm, vgl. Bild 2-4, hergestellt. Die Zugtragfähigkeit der Schrauben lag zwischen 16,3 und 16,8 kN und war unabhängig von der verwendeten Länge. Die Eindringtiefe (ℓ_{ef}) in den Prüfkörpern betrug bei Stieleiche 60 mm, bei Edelkastanie 60 bis 100 mm, und bei Robinie 40 bis 60 mm. Die von der Holzart abhängigen maximalen Eindringtiefen ergaben sich aus der Zugtragfähigkeit der Schrauben. Die Schrauben wurden in mit 5 mm vorgebohrte Löcher, etwa dem Kerndurchmesser entsprechend, eingedreht. Ohne Vorbohren hätten die vorgesehenen Eindringtiefen ohne Torsionsversagen der Schrauben nicht erreicht werden können. Der Einschraubwinkel betrug 90°. Eine radiale und tangentiale Ausrichtung der Schrauben wurde zu etwa gleichen Teilen berücksichtigt. Nach den Ausziehversuchen wurden im mittelbar die Schraube umgebende Holz Proben zur Ermittlung der Feuchtdichte (ρ_u) und der Holzfeuchte (u) entnommen.

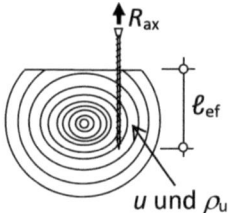

Bild 2-3   Ausziehversuche mit Vollgewindeschrauben

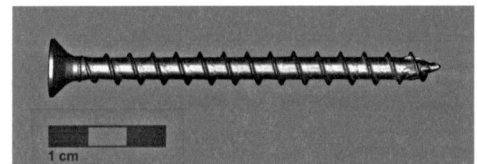

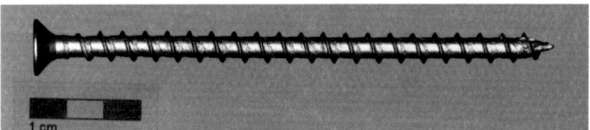

Bild 2-4   8-mm-Vollgewindeschrauben: Länge 100 mm (o.), 140 mm (u.)

2.4.2   Zugversuche an einer Basisverbindung

Die vorgesehenen Zugversuche an Verbindungen zwischen natürlich gewachsenen Stammabschnitten waren ausgerichtet auf die Entwicklung von Fachwerkkonstruktionen. Daher sollte diesbezüglich gezielt ein mögliches Potenzial aufgezeigt werden, was die Gestaltung der Zugprüfkörper nach den folgenden Zielvorgaben prägte: Übertragung großer Kräfte zwischen Stammabschnitten, die idealerweise in der Größenordnung der Bauteiltragfähigkeit liegen; Einsatz von CNC-Holzbearbeitungsmaschinen; modulare Bauweise bzw. hoher Vorfertigungsgrad; einfache und sichere Montage; Berücksichtigung der holztechnologischen Gegebenheiten, die erfordern, dass Verbindungsmittel nur ins dauerhafte Kernholz eingebracht werden und zwar so, dass unvermeidliche radial verlaufende Schwindrisse deren Tragfähigkeit nicht wesentlich herabsetzen. Bild 2-5 und 2-6 zeigen den Prototyp eines Zugstoßes, der die Zielvorgaben in allen Punkten erfüllt. Zur beidseitigen Krafteinleitung (beispielsweise bei einem zugbeanspruchten Fachwerkgurt oder -füllstab) werden 2 x 4 Stahlwinkel in den einspringenden Ecken eines prismatisch bearbeiteten Stammabschnitts mit kreuzförmigem Querschnitt eingelegt. Die Schenkel der Winkel und das Holz werden mit geneigt angeordneten Schrauben verbunden, deren Neigung Haftkräfte in der Kontaktfuge bedingt. Die Schrauben verlaufen notwendigerweise tangential zu den Jahrringen; mögliche radiale Schwindrisse werden auf diese Weise durch Schrauben, rechtwinklig bzw. unter 45° zur Rissebene, überbrückt. Eine ausreichende Tiefe der einspringenden Ecken gewährleistet eine Schraubenlage im Kernholz. Eine Herstellung der für die Verbindung erforderlichen Einschnitte lässt sich problemlos mit CNC-Holzbearbeitungsmaschinen durchführen. Die während der Herstellung unter Laborbedingungen gewonnenen praktischen Erfahrungen waren derart, dass von einer einfachen und sicheren Montage auszugehen ist. Das ausgesprochen technische Erscheinungsbild des Prototyps ist durch die im Rahmen des Forschungsprojekts begrenzten Möglichkeiten begründet. Die Verwendung von 45°-Senkscheiben in

Übereinstimmung mit ETA-11/0190 [31], vgl. Bild 2-7, zur Gewährleistung einer formschlüssigen Kraftübertragung stellt zunächst eine praktikable Lösung dar. Die Weiterentwicklung einer gefälligeren und effizienteren Verbindung, auch in der Form eines Knotens, soll ggf. Gegenstand zukünftiger Arbeiten sein. Es wurden drei baugleiche Zugprüfkörper des Prototyps in Kurzzeitversuchen geprüft. Die verwendete Holzart war bei jedem Prüfkörper Edelkastanie, wobei berücksichtigt wurde, dass das verwendete Holzmaterial unterschiedliche Holzfeuchten und Feuchtdichten aufwies. Die Prüfkörper wurden über die Höchstlast ($F_{t,max}$) hinaus belastet bis zu einer Relativverschiebung von 15 mm, die sich entweder für die obere (δ_{oben}) oder untere Verschiebung (δ_{unten}) bzw. für die schwächere Anschlussseite einstellte. Unmittelbar nach den Versuchen wurden die Feuchtdichten und Holzfeuchten in den vier Seitenteilen der kreuzförmigen Querschnitte ermittelt. Diese physikalischen Eigenschaften finden später Eingang in die Tragfähigkeitsanalyse der Verbindungen.

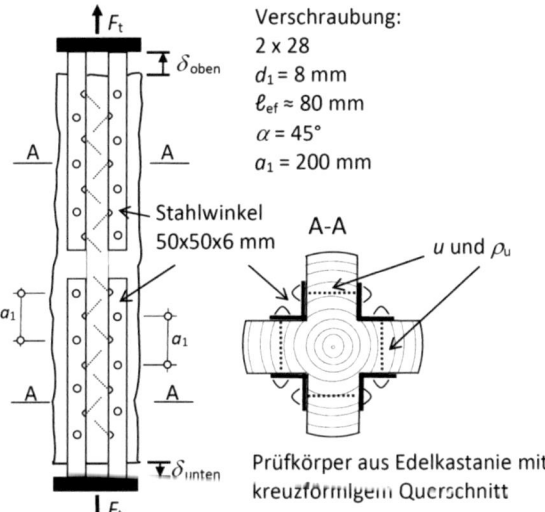

Verschraubung:
2 x 28
$d_1 = 8$ mm
$\ell_{ef} \approx 80$ mm
$\alpha = 45°$
$a_1 = 200$ mm

Stahlwinkel
50x50x6 mm

Prüfkörper aus Edelkastanie mit kreuzförmigem Querschnitt

Bild 2-5   Zugprüfkörper

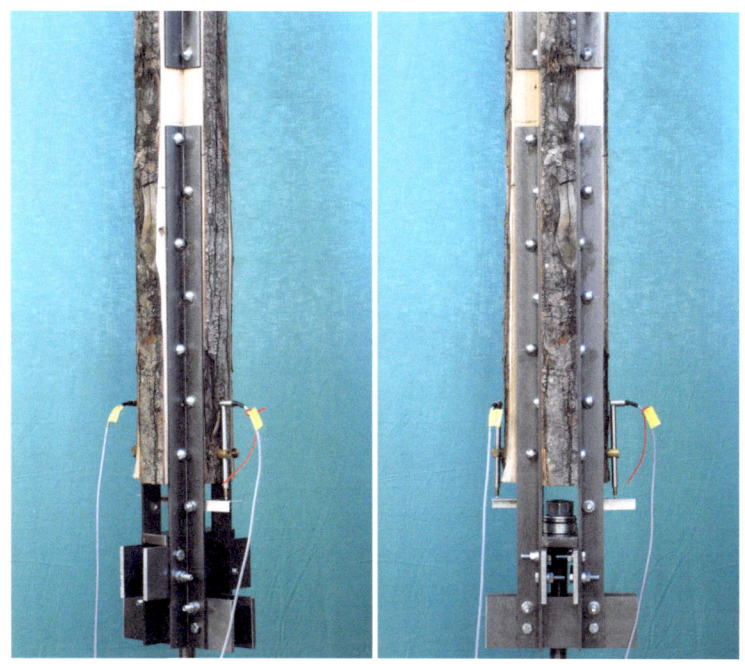

Bild 2-6   Ansichten der unteren Anschlussseite: schräg (links) und parallel
            bzw. rechtwinklig zu den Schnittflächen (rechts)

Bild 2-7   45°-Senkscheiben zur Kraftübertragung zwischen Schraubenkopf
            und Stahlwinkel

3 Ergebnisse

3.1 Geometrische Kennwerte

In Bild 4-1 (Anhang) sind für alle 105 Druckstäbe der Verlauf der Querschnittsfläche (A) und der räumliche Verlauf der Stabachse bzw. der Schwerpunktlinie in Abhängigkeit von der Stabsehne dargestellt, wobei die Stabsehne entlang der x-Achse verläuft. In den Diagrammen, die den Stabachsenverlauf zeigen, kennzeichnen e_y und e_z die Exzentrizität in y- und z-Richtung und damit die Abweichungen des natürlichen von einem geradlinigen Verlauf (Bild 3-1 a).

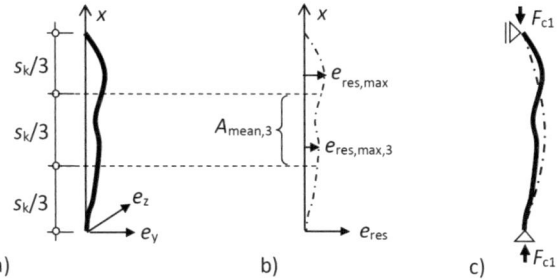

Bild 3-1   *Räumlicher Verlauf der Stabachse und geometrische Kennwerte, die die Drucktragfähigkeit beeinflussen*

In den Diagrammen wurden nur die Bereiche der ursprünglich 5000 mm langen Stammabschnitte dargestellt, die mit den 4350 mm langen Druckstäben kongruent sind. Dabei kennzeichnet x = 0 stets das dem Stock und x = 4350 mm das dem Zopf zugewandte Stabende. Die durch Röntgen gewonnen Daten wurden für die Darstellung der Exzentrizität derart transformiert, dass die Stabsehne zwischen den beiden Schwerpunkten der Stirnflächen eines jeden Druckstabes verläuft. Die resultierende Exzentrizität (e_{res}) ist die Quadratwurzel aus der Summe der quadrierten Ausmitten e_y und e_z (Bild 3-1 b). Die resultierende Exzentrizität ist daher aus räumlicher Sicht nicht notwendigerweise eine realistische Darstellung. Aus gewissen Richtungen betrachtete s-förmig verlaufende Stammabschnitte werden durch die Darstellung mit der resultierenden Exzentrizität verfälscht, vgl. Bild 4-1, CTST 28.1. Da die Mehrzahl der Druckstäbe eine Krümmung besitzt, die in erster Näherung einer Halbwelle gleicht (Bild 3-1 c), wird durch die resultierende Exzentrizität mehrheitlich ein zutreffendes Bild wiedergegeben. Für das Erfassen der geometrischen Eigenschaften im Hinblick auf eine Tragfähigkeitsanalyse im später folgenden Abschnitt 3.5, die auf einen praktischen Nutzen ausgerichtet ist, werden nachfolgend einige Festlegungen getroffen. Der praktische Nutzen soll darin bestehen, dass die Projektergebnisse für eine brauchbare Abschätzung der Tragfähigkeit der Druckstäbe in Abhängigkeit von der natürlichen geometrischen Beschaffenheit und/oder für die Festlegung von geometriebasierten Sortierkriterien verwendet werden können. Ein im Idealfall nach Theorie II. Ordnung zu führender Spannungsnachweis würde eine Vielzahl von Informationen erfordern, die bei natürlich gewachsenem Rundholz für den Ingenieur wirklichkeitsnah kaum darstellbar sind. Es wird daher der Ansatz festgelegt, für einen natürlich gewachsenen Stammabschnitt eine Drucktragfähigkeit zu prognostizieren, wobei im Standsicherheitsnachweis einer Rundholzkonstruktion die Spannungsverhältnisse in den einzelnen Querschnitten der Stäbe unbekannt bleiben. Ein Nachweis einzelner Druckstäbe kann formal so erfolgen, dass die Bemessungsdruckkraft den Bemessungswert der Drucktragfähigkeit nicht übersteigt. Der mechanischen Anschauung nach werden unter der Wirkung von Druckkräften vor allem diejenigen Biegebeanspruchungen vergrößert, deren Belastungen Verformungen hervorrufen, die affin zur Knickfigur sind. Demnach ist die in Stabmitte befindliche Exzentrizität von entscheidender Bedeutung für die Drucktragfähigkeit. Die Knicklänge war für alle geprüften Druckstäbe konstant und scheidet daher als geometrische Einflussgröße aus. Damit verbleibt die Querschnittsfläche als weitere entscheidende Größe. Relevant für die Drucktragfähigkeit werden wie auch bei der Exzentrizität Querschnittsflächenwerte im Bereich der Stabmitte sein. Bild 3-2 zeigt, wie sich einige spezifische geometrische Kennwerte zueinander verhalten. Im oberen Teilbild wird die größte resultierende Exzentrizität ($e_{res,max}$), die an der gesamten Stablänge ermittelt wurde, derjenigen, die nur auf das mittlere Drittel der Stablänge entfällt ($e_{res,max,3}$), gegenübergestellt, vgl. Bild 3-1 b. Erwartungsgemäß befindet sich bei der Mehrzahl der Druckstäbe die größte Exzentrizität tatsächlich im mittleren Drittel der Stablänge. Größere Abweichungen zwischen den einander gegenübergestellten Werten sind die Ausnahme. Das untere Teilbild verdeutlicht die Beziehung zwischen der kleinsten, größten und mittleren Querschnittsfläche (A_{min}, A_{max}, A_{mean}), jeweils unter Berücksichtigung der gesamten Stablänge, und der mittleren Querschnittsfläche $A_{mean,3}$, ein Mittelwert im mittleren Drittel der Stablänge (Bild 3-1 b). Die Darstellung verdeutlicht: Innerhalb eines Stammabschnitts vorhandene Kleinst- und Größtwerte unterscheiden sich im Mittel um das 1,5fache; es ist offensichtlich unwesentlich, ob eine mittlere Querschnittsfläche unter Berücksichtigung der gesamten Stablänge oder nur des mittleren Drittels der Stablänge erfolgt. Als geometrische, die Drucktragfähigkeit bestimmende Kenngrößen werden daher die größte Exzentrizität ($e_{res,max,3}$) und die mittlere Querschnittsfläche ($A_{mean,3}$), die jeweils im mittleren Drittel der Stablänge zu ermitteln sind, festgelegt. Die statistischen Kennwerte dieser beiden Werte sind in Tabelle 3-1 zusammengestellt, ihre Beziehung untereinander zeigt Bild 3-3. Aus mechanischer Sicht günstige geometrische Eigenschaften besitzen die Stammabschnitte aus Edelkastanie. Diese weisen im Mittel die geringste Exzentrizität auf. Bei den Abschnitten aus Stieleiche ist die Exzentrizität etwas höher und bei denjenigen aus Robinie am höchsten. Vergleichsweise gerade Stammabschnitte wie bei Edelkastanie mit nur 11 mm Exzentrizität werden bei Robinie nicht beobachtet. Die Beziehung in Bild 3-3 verdeutlicht, dass Exzentrizität und Querschnittsfläche voneinander linear unabhängig sind.

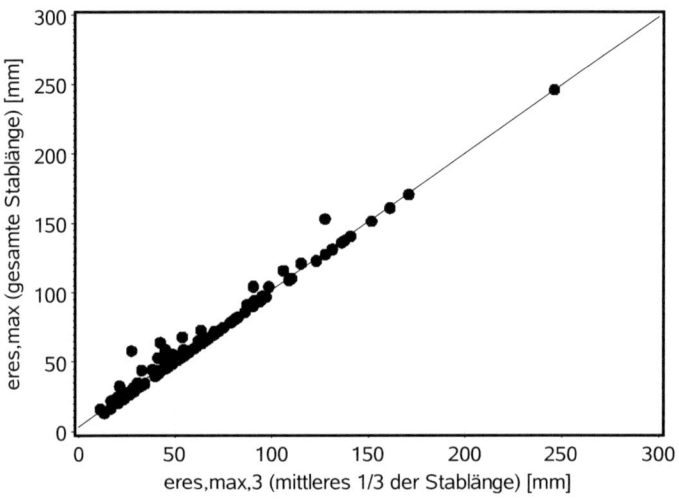

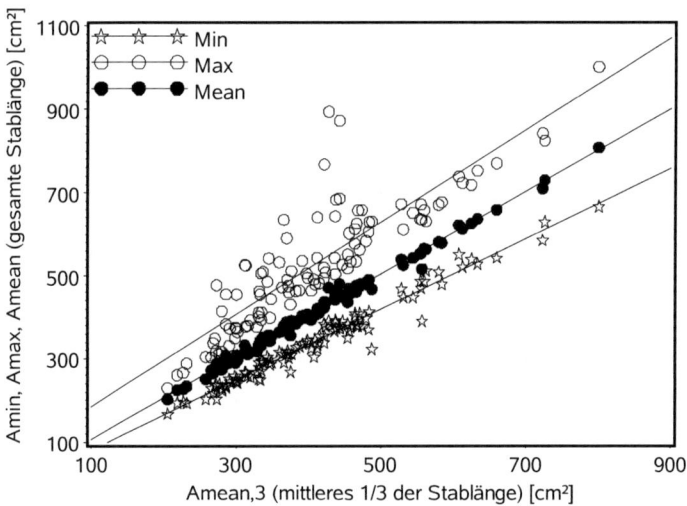

Bild 3-2   Geometrische Beziehungen zwischen spezifischen Exzentrizitäten
           (oben) und zwischen spezifischen Querschnittsflächen (unten)

Tabelle 3-1   Statistische Kennwerte der Querschnittsfläche und Exzentrizität

	N	$\overline{x}$	s	Min	Max
Stieleiche					
$A_{mean,3}$ in cm²	30	410	100	219	608
$e_{res,max,3}$ in mm	30	68,6	30,4	21,2	136
Edelkastanie					
$A_{mean,3}$ in cm²	54	425	136	206	801
$e_{res,max,3}$ in mm	54	46,5	24,3	11,3	131
Robinie					
$A_{mean,3}$ in cm²	21	364	72,1	258	471
$e_{res,max,3}$ in mm	21	112	47,7	41,3	246

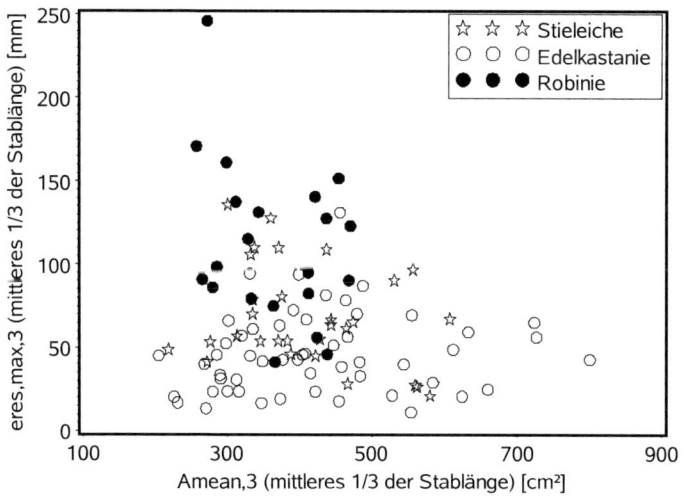

Bild 3-3   Zusammenhang zwischen Exzentrizität und Querschnittsfläche

3.2 Tragfähigkeit der Druckstäbe

Bild 4-2 (Anhang) zeigt für alle 105 Druckversuche die Lastverformungs-kurven. Dargestellt ist jeweils die Druckkraft (F_{c1}) in Abhängigkeit von der Stabsehnenverkürzung (Δu). In Tabelle 3-2 sind die statistischen Kennwerte der Drucktragfähigkeit zusammengestellt. Bild 3-4 verdeut-licht den Zusammenhang zwischen der Drucktragfähigkeit und den ge-ometrischen Kennwerten Querschnittsfläche (oben) und Exzentrizität (unten). Die nach den drei Holzarten differenzierten Darstellungen be-stätigen die Erwartungen, dass mit zunehmender Querschnittsfläche und abnehmender Exzentrizität die Tragfähigkeit steigt. Mit diesen bei-den geometrischen Kennwerten muss folglich eine Tragfähigkeitsprog-nose möglich sein.

Tabelle 3-2   Statistische Kennwerte der Drucktragfähigkeit $F_{c1,max}$ in kN

	N	$\overline{x}$	s	Min	Max
Stieleiche	30	377	228	110	1070
Edelkastanie	54	509	256	126	1170
Robinie	21	297	118	123	571

3.3 Druckfestigkeit der Druckprüfkörper

In Tabelle 3-3 sind die statistischen Kennwerte der Druckfestigkeit zu-sammengestellt. Die Druckprüfkörper der Edelkastanie weisen die niedrigste Festigkeit auf. Im Vergleich mit Edelkastanie besitzen diejenigen der Eiche 10 % und diejenigen der Robinie 40 % höhere Werte.

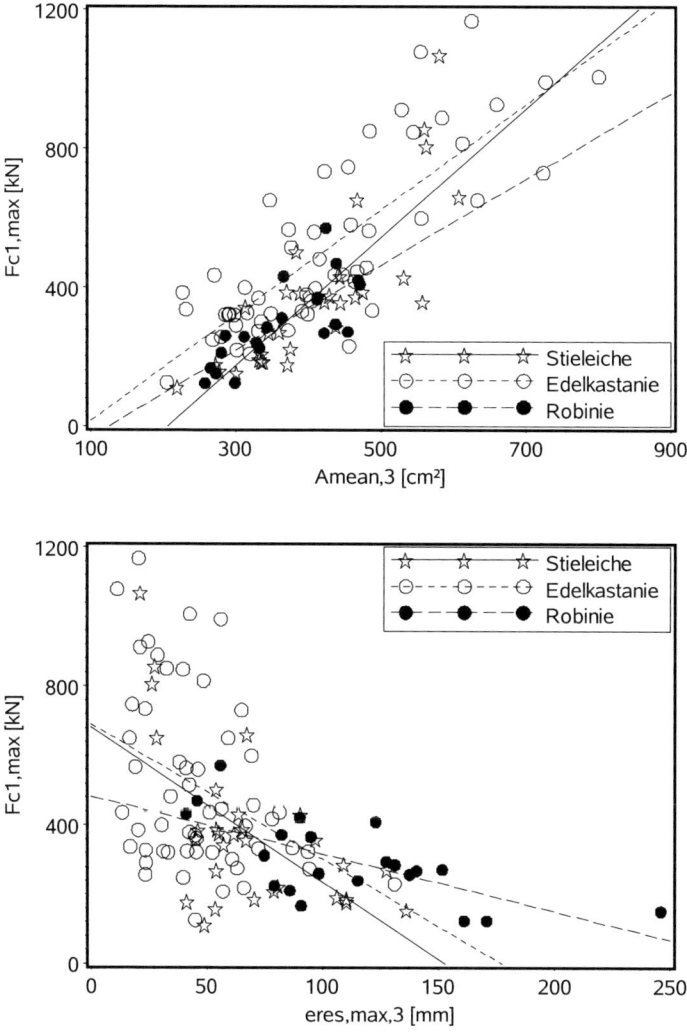

Bild 3-4   Drucktragfähigkeit und geometrische Kennwerte

Tabelle 3-3   Statistische Kennwerte der Druckfestigkeit f_{c2} in N/mm²

	N	$\overline{x}$	s	Min	Max
Stieleiche	30	30,3	3,32	24,2	36,4
Edelkastanie	54	27,3	3,32	20,5	33,9
Robinie	21	38,9	5,10	30,2	50,1

3.4 Holzfeuchte und Rohdichte der Baumscheiben

Tabelle 3-4 enthält die statistischen Kennwerte der Holzfeuchte, die an den Quadern der beiden Baumscheiben ermittelt wurde. Für jede Holzart sind die Kennwerte nach Scheibe (1 oder 2) und Lage (A oder B) differenziert. Die Anzahl der Quader mit der Lage A ist stets doppelt so hoch wie diejenige der Quader mit der Lage B, weil in jeder Baumscheibe die Lage A zweimal und die Lage B einmal vorgesehen wurde, vgl. Bild 2-1. Bei Stieleiche ist die Holzfeuchte im gemessenen Kernbereich etwa 2 % höher als im gemessenen Außenbereich. Bei Edelkastanie und Robinie sind die Verhältnisse umgekehrt: Die Holzfeuchte ist im Kernbereich etwa 5 % bzw. 2 % niedriger als im Außenbereich. Die Tabelle enthält ebenfalls statistische Kennwerte der Holzfeuchten, die einen Mittelwert des gesamten Stammabschnittsvolumens darstellen. Die Anzahl N entspricht daher der jeweiligen Anzahl der Stammabschnitte. Diesem Mittelwert liegen jeweils die sechs Einzelwerte eines jeden Stammabschnitts ohne Gewichtung zugrunde. Der Mittelwert der Robinien betrug 40 % und derjenige der Stieleichen und Edelkastanien 62 % bzw. 81 %. Der kleinste Mittel- und kleinste Einzelwert der Holzfeuchte ist bei Robinie zu finden und beträgt 26,1 bzw. 21,8 %. Nur bei Edelkastanie gibt es bei den Baumscheiben nennenswerte Feuchteunterschiede zwischen den Lagen 1 und 2. Sie liegen bei 6-8 %. Tabelle 3-5 enthält die statistischen Kennwerte der Feuchtdichte. Der Aufbau dieser Tabelle entspricht demjenigen der Tabelle 3-4. Da die Feuchtdichte mit der Masse des feuchten Holzes berechnet wurde, ist zur Interpretation der angegebenen Zahlenwerte Bild 3-5 ergänzt. Es zeigt die Beziehung der mittleren Feuchtdichte und der mittleren Holzfeuchte der Stammabschnitte. Die Beziehung verdeutlicht, dass für eine gegebene Holzfeuchte je nach Holzart die Spanne der Feuchtdichte zwischen 120 und 150 kg/m³ liegt, wodurch ebenfalls, jedoch nur indirekt, eine Spanne der mittleren Darrrohdichte quantifiziert ist. Bild 4-3 (Anhang) zeigt als Grundlage für die „kondensierte" Darstellung in Bild 3-5 die Beziehung zwischen den Einzelwerten der Feuchtdichten und Holzfeuchten aller untersuchten Quader. Die drei Holzarten sind den ringporigen bzw. halbringporigen Laubhölzern zuzuzählen. Die Fasersättigungsfeuchte liegt daher zwischen 22 und 24 % [32], Werte, die in den Diagrammen der vorgenannten Bilder durch vertikale Hilfslinien gekennzeichnet sind. Alle Druckversuche wurden folglich an Druckstäben bzw. Druckprüfkörpern durchgeführt, deren Holzfeuchten, Mittel-, aber auch Einzelwerte betreffend, oberhalb der Fasersättigungsfeuchte lagen. Die ermittelten Drucktragfähigkeiten der Druckstäbe und Druckfestigkeiten der Druckprüfkörper reflektieren daher mechanische Eigenschaften, die für Material mit einer Holzfeuchte oberhalb der Fasersättigungsfeuchte gültig sind. Dass die Druckfestigkeit der Druckprüfkörper dann unabhängig von einer die Fasersättigung übersteigenden Holzfeuchte ist, zeigt Bild 3-6. Darin stehen die Druckfestigkeiten in Beziehung mit den mittleren Holzfeuchten der unmittelbar an den Prüfkörper angrenzenden Scheibe 2. Bei Edelkastanie und Stieleiche liegen die Festigkeitswerte in einem horizontal verlaufenden Korridor. Bei Robinie ist eine diesbezügliche Beschreibung nicht möglich, weil die Holzfeuchte keine dafür ausreichende Variation aufweist. Die Bedeutung der mechanischen Eigenschaften im Zusammenhang mit einer über der Fasersättigung liegenden Holzfeuchte betrifft die Interpretation des zahlenmäßigen Niveaus. Die ermittelten Drucktragfähigkeiten und Druckfestigkeiten würden durch eine noch höhere Holzfeuchte, als zum Zeitpunkt der Prüfung gemessen, nicht wesentlich weiter abnehmen und repräsentieren demzufolge konservative Werte. Sie würden aber bei zunehmender Trocknung nach dem Unterschreiten der Fasersättigung den bekannten Gesetzmäßigkeiten folgend zunehmen, was für eine bauliche Verwendung mit positiven Effekten verbunden wäre.

Tabelle 3-4   Statistische Kennwerte der Holzfeuchte in %

Scheibe	Lage	N	$\bar{x}$	s	Min	Max
Stieleiche						
1	A	60	62,9	8,55	35,3	78,6
1	B	30	64,7	7,42	43,0	78,4
2	A	60	60,4	10,1	24,9	78,5
2	B	30	62,1	9,59	30,5	77,3
1+2*	A+B*	30	62,2	8,46	33,6	75,9
Edelkastanie						
1	A	108	86,5	15,7	49,5	140
1	B	54	80,4	15,0	52,9	130
2	A	108	79,0	15,1	50,2	137
2	B	54	74,2	12,5	56,2	109
1+2*	A+B*	54	80,8	12,4	56,4	117
Robinie						
1	A	42	41,7	6,39	24,0	59,1
1	B	21	39,8	5,21	27,5	46,8
2	A	42	39,3	5,87	21,8	58,2
2	B	21	37,6	5,21	26,3	47,3
1+2*	A+B*	21	39,9	5,20	26,1	52,9

* aus einem Stammabschnitt stammend

Tabelle 3-5   Statistische Kennwerte der Feuchtdichte in kg/m³

Scheibe	Lage	N	$\bar{x}$	s	Min	Max
Stieleiche						
1	A	60	949	54,2	789	1074
1	B	30	971	45,0	871	1048
2	A	60	930	60,8	704	1057
2	B	30	954	57,9	789	1031
1+2*	A+B*	30	947	45,8	789	1007
Edelkastanie						
1	A	108	852	82,4	622	1022
1	B	54	801	71,4	606	935
2	A	108	842	78,0	645	997
2	B	54	782	59,8	640	903
1+2*	A+B*	54	828	59,1	699	936
Robinie						
1	A	42	862	62,7	760	1077
1	B	21	807	57,6	686	897
2	A	42	840	60,1	745	1053
2	B	21	790	65,7	683	912
1+2*	A+B*	21	833	51,8	757	984

* aus einem Stammabschnitt stammend

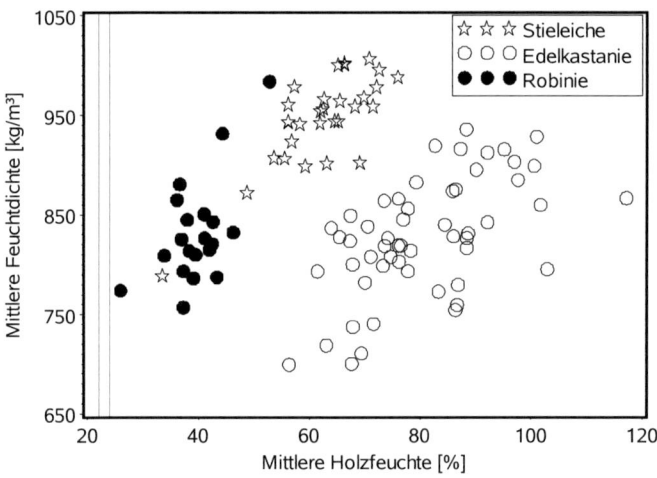

Bild 3-5   Feuchtdichte und Holzfeuchte der Stammabschnitte; Hilfslinien
kennzeichnen den Bereich der Fasersättigung der drei Holzarten

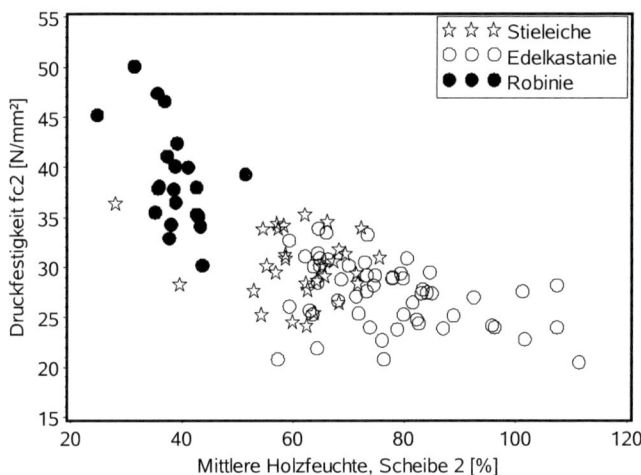

Bild 3-6   Druckfestigkeit und Holzfeuchte der Druckprüfkörper

3.5 Modell für die Tragfähigkeit der Druckstäbe

Ein Ergebnis des Forschungsprojekts soll eine Antwort auf folgende Fragen sein: Wie ist ein natürlich gewachsener Stammabschnitt der hier behandelten Holzarten zu sortieren und wie groß ist dann seine Tragfähigkeit? Gesucht ist daher ein Tragfähigkeitsmodell, dessen die Tragfähigkeit erklärende Variablen mit einfach und zuverlässig zu ermittelnden Sortierkriterien identisch sind. Dazu wurden im Abschnitt 3.2 bereits die im mittleren Drittel der Stablänge vorhandene Querschnittsfläche und Exzentrizität identifiziert. Beide Werte lassen sich einfach und zuverlässig auch ohne ein bildgebendes Verfahren darstellen. Das hier vorgeschlagene Modell (1) beruht auf einem Interaktionsnachweis, bei dem die Querschnittsausnutzungen in einem gedachten Ersatzkreisquerschnitt, die aus Biege- und Druckbeanspruchung herrühren, linear überlagert werden. Das dazu erforderliche mittlere Widerstandsmoment des Ersatzkreisquerschnitts ($W_{mean,3}$) berechnet sich nach Gleichung (2) in Abhängigkeit von der mittleren Querschnittsfläche. Die zu bestimmenden Parameter sind demnach die Biege- ($f_{m,i}$) und Druckfestigkeit ($f_{c,i}$), die als ideelle Werte über eine nichtlineare Regressionsanalyse ermittelt werden. Erwartungswerte der Drucktragfähigkeit können dann in alleiniger Abhängigkeit von der Querschnittsfläche und der Exzentrizität der Druckstäbe berechnet werden.

$$F_{c1,max,p} = 1 \bigg/ \left(\frac{e_{res,max,3}}{f_{m,i} \cdot W_{mean,3}} + \frac{1}{f_{c,i} \cdot A_{mean,3}} \right) + e \tag{1}$$

$$W_{mean,3} = \frac{A_{mean,3}}{4} \sqrt{\frac{A_{mean,3}}{\pi}} \tag{2}$$

Mit dem vorgeschlagenen Modell wurden vier Analysen durchgeführt, deren Ergebnisse nachfolgend dargestellt sind. Bei der 1. Analyse wurden alle drei Holzarten und bei den weiteren wurde jeweils nur eine

Holzart berücksichtigt. Die erste Analyse zeigt, dass mit einem einzigen Modell Erwartungswerte für die Drucktragfähigkeit unabhängig von der Holzart berechnet werden können. Das verdeutlicht die Darstellung in Bild 3-7. Die nach Holzart differenzierten Beziehungen zwischen den einzelnen Versuchs- und Erwartungswerten sind gesamtheitlich durch ein Bestimmtheitsmaß von 0,92 gekennzeichnet. In dem für alle drei Holzarten gültigen Tragfähigkeitsmodell (1) bzw. (3) sind holzartbedingte Unterschiede (z.B. Rohdichte, Ästigkeit, exzentrischer Wuchs und Spannrückigkeit) nicht erfasst, die aus Gründen der Anschauung einen Einfluss auf die Drucktragfähigkeit haben. Der gewählte Modellansatz muss also nicht notwendigerweise für alle drei Holzarten die mechanischen Zusammenhänge gleichermaßen annähern. Insofern zeigt sich in Bild 3-7, insbesondere bei Robinie und Stieleiche, eine Verschiebung der Residuen (e), die sich durch eine Auswertung der gesplitteten Residuen bestätigen lässt. So sind die Residuen bei Robinie mehrheitlich positiv und bei Stieleiche mehrheitlich negativ. Die Analysen 2 bis 4 belegen, dass der Modellansatz auch in der Einzelbetrachtung der drei Holzarten jeweils grundsätzlich geeignet ist. Das zeigen auch die Diagramme in Bild 4-4 (Anhang), in denen die jeweilige Beziehung zwischen Versuchs- und Erwartungswerten dargestellt ist. Die Bestimmtheitsmaße liegen zwischen 0,93 (Stieleiche) und 0,86 (Robinie). Bei allen vier Analysen ergeben sich für die ideellen Festigkeitswerte ebenfalls plausible Größen.

Analyse 1 mit Stieleiche, Edelkastanie und Robinie:

$f_{m,i} = 34,1 \text{N/mm}^2 \qquad f_{c,i} = 24,0 \text{N/mm}^2$

$r^2 = 0.92 \qquad\qquad N = 105 \qquad e{:}N(-0.87 \cdot 10^3\,; 70,4 \cdot 10^3)$

    Gesplittete Residuen:

    Stieleiche: $\qquad\qquad N = 30 \qquad e{:}N(-28 \cdot 10^3\,; 61,9 \cdot 10^3)$

    Edelkastanie: $\qquad N = 54 \qquad e{:}N(-3,7 \cdot 10^3\,; 74,3 \cdot 10^3)$

    Robinie: $\qquad\qquad N = 21 \qquad e{:}N(45,6 \cdot 10^3\,; 46,4 \cdot 10^3)$

$$(3)$$

Analyse 2 mit Stieleiche:

$f_{m,i} = 26,8 \text{N/mm}^2$ $f_{c,i} = 28,7 \text{N/mm}^2$

$r^2 = 0.93$ $N = 30$ $e{:}N(-1,51 \cdot 10^3 ; 60,5 \cdot 10^3)$

Analyse 3 mit Edelkastanie:

$f_{m,i} = 33,8 \text{N/mm}^2$ $f_{c,i} = 24,2 \text{N/mm}^2$

$r^2 = 0,91$ $N = 54$ $e{:}N(-4,29 \cdot 10^3 ; 74,2 \cdot 10^3)$

Analyse 4 mit Robinie:

$f_{m,i} = 54,8 \text{N/mm}^2$ $f_{c,i} = 17,8 \text{N/mm}^2$

$r^2 = 0,86$ $N = 21$ $e{:}N(0,106 \cdot 10^3 ; 44,0 \cdot 10^3)$

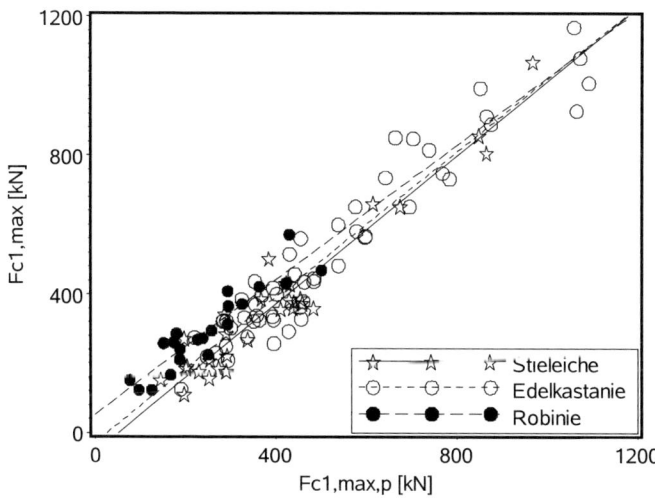

Bild 3-7   *Drucktragfähigkeit: Versuchswerte und Erwartungswerte*

3.6 Ausziehwiderstand der Vollgewindeschrauben

Die Beziehung in Bild 3-8 zwischen dem Ausziehwiderstand und der Einschraubtiefe verdeutlicht einen ausgeprägten Unterschied zwischen den Ausziehwiderständen von in Robinie und Edelkastanie eingedrehten Schrauben: Bei 60 mm Einschraubtiefe beträgt der Ausziehwiderstand in Robinie das 1,5fache von demjenigen in Edelkastanie. Die Ausziehwiderstände, in Robinie und Stieleiche für 60 mm Eindringtiefe ermittelt, sind hinsichtlich der Größenordnung vergleichbar.

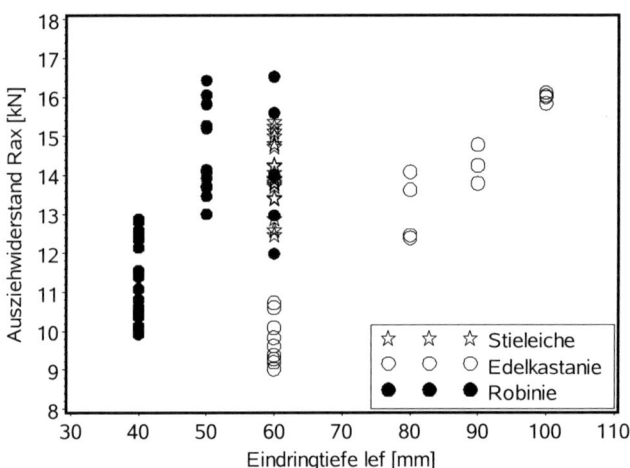

Bild 3-8   Ausziehwiderstand und Eindringtiefe

Die statistischen Kennwerte der Ausziehwiderstände, differenziert nach Holzart und Eindringtiefe, enthält Tabelle 3-6. Darin sind ebenfalls die mittlere Feuchtdichte und die mittlere Holzfeuchte als Begleitwerte angegeben. Die „trockenere" Robinie und „feuchtere" Edelkastanie weisen einen ausgeprägten Rohdichteunterschied auf, der die Unter-

schiede beim Ausziehwiderstand erklärt. Mit den in Tabelle 3-6 angegebenen Werten ergeben sich die mittleren Ausziehparameter für Stieleiche, Edelkastanie und Robinie zu 30, 20 bzw. 35 N/mm².

Tabelle 3-6   Statistische Kennwerte des Ausziehwiderstands und der Begleitwerte ℓ_{ef}, $\rho_{u,mean}$ und u_{mean}

N	ℓ_{ef}	$\rho_{u,mean}$	u_{mean}	$R_{ax,mean}$	s	Min	Max
	mm	kg/m³	%	kN	kN	kN	kN
Stieleiche							
21	60	854	46	14,0	0,92	12,5	15,4
Edelkastanie							
9	60	656	42	9,78	0,62	9,02	10,7
4	80	712	49	13,1	0,85	12,4	14,1
3	90	679	42	14,3	0,50	13,8	14,8
4	100	596	39	16,0	0,12	15,8	16,1
Robinie							
20	40	865	30	11,4	1,1	9,93	12,9
12	50	846	30	14,6	1,1	13,0	16,4
5	60	739	29	14,2	1,9	12,0	16,5

3.6.1   Modell für den Ausziehwiderstand

Gleichung (4) zeigt ein Modell für den Ausziehwiderstand (R_{ax} in N), dessen unabhängige Variablen die Eindringtiefe (ℓ_{ef} in mm), die Feuchtdichte (ρ_u in kg/m³) und die Holzfeuchte (u als Verhältnis) sind. Das Modell wurde an alle 78 Versuchsergebnisse angepasst und ist damit hol-
zartunabhängig gültig. Die Qualität der Anpassung zeigt die Beziehung
in Bild 3-9 zwischen den experimentellen Ausziehwiderständen und
den Erwartungswerten des Modells, wobei beide Werte logarithmiert
sind. Die Darstellung belegt, dass die gewählten Variablen geeignet

sind, den Ausziehwiderstand unabhängig von der Holzart zu beschreiben. Mit zutreffenden Grenzwerten für die Feuchtdichte und entsprechenden Holzfeuchten können mit diesem Modellansatz Ausziehwiderstände der untersuchten und vergleichbarer Schrauben mit einem Nenndurchmesser von 8 mm berechnet werden. Der Umfang der Ausziehversuche und die Spannen, in denen sich die erklärenden Variablen, vor allem die Holzfeuchte, bewegen, vgl. Bild 4-5 (Anhang), rechtfertigen jedoch noch keine umfassende Gültigkeit des Modells. Es zeigt zunächst einen funktionierenden Modellansatz, mit dem in praktischen Anwendungen Unwägbarkeiten bei Rohdichte und Holzfeuchte abgedeckt werden können. Bild 4-3 (Anhang) verdeutlicht hierzu, dass bei unsortiertem und nicht technisch getrocknetem Stammholz mit einer hohen Variation von Feuchtdichte und Holzfeuchte zu rechnen ist.

$$\ln(R_{ax,p}) = 6{,}91 + 0{,}0305\,\ell_{ef} + 1{,}78 \cdot 10^{-3}\,\rho_u - 1{,}33 u^2 - 1{,}18 \cdot 10^{-4}\,\ell_{ef}^{\;2} + e \tag{4}$$

$$N = 78 \qquad r^2 = 0{,}81 \qquad e{:}N(0;0{,}0730)$$

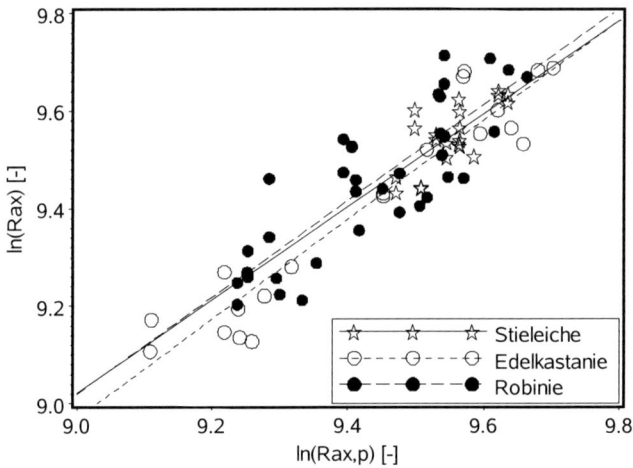

Bild 3-9   Ausziehwiderstand: Versuchswerte und Erwartungswerte

3.7 Zugtragfähigkeit der Basisverbindung

Bild 3-10 zeigt die Lastverformungskurven der Zugversuche an den drei Basisverbindungen. Die Kurven geben die Beziehung zwischen der Zugkraft und der Relativverschiebung an der schwächeren Anschlussseite wieder. Bei jedem der drei Zugprüfkörper verhielt sich die tragfähigere der beiden Anschlussseiten deutlich weniger nachgiebig als die schwächere Anschlussseite, die mit zunehmender Relativverschiebung schließlich versagte. Nach Erreichen der Höchstlast von 302, 326 bzw. 347 kN fällt die Tragfähigkeit jeweils auf ein Niveau von etwa 70 % der Höchstlast ab. Zwischen 10 und 20 mm Relativverschiebung verhalten sich die schwächeren Anschlussseiten ausgesprochen duktil. Bei keinem der drei Prüfkörper wurde nach dem Zugversuch beim Lösen der Stahlwinkel ein Schraubenversagen festgestellt. Bild 3-11 verdeutlicht die ausgeprägte Relativverschiebung zwischen dem Verbindungsholz und einem Stahlwinkel (links), die sich bei manchen am Hirnholz befindlichen Schrauben in einem lokalen Scherversagen zeigte (rechts). Beim Zerlegen der Prüfkörper war erkennbar, dass die ausgeprägten Relativverschiebungen zu einem Kontakt zwischen den Schrauben und den Kanten der in den Stahlwinkeln gebohrten Löcher führte. Bei zunehmender Relativverschiebung stellte sich dann eine Biegeverformung der Schrauben ein, wobei die zugbeanspruchten Schrauben in den Senkscheiben zunehmend eingespannt waren. Dieser Zustand ist in Bild 3-12 dargestellt. Die Biegeverformung der Schrauben in Kopfnähe war in tieferen Holzbereichen sehr wahrscheinlich gegenläufig. Die Zahlenwerte der nach den Versuchen an den Prüfkörpern ermittelten Feuchtdichte und Holzfeuchte werden aus inhaltlichen Gründen erst im folgenden Abschnitt dargestellt.

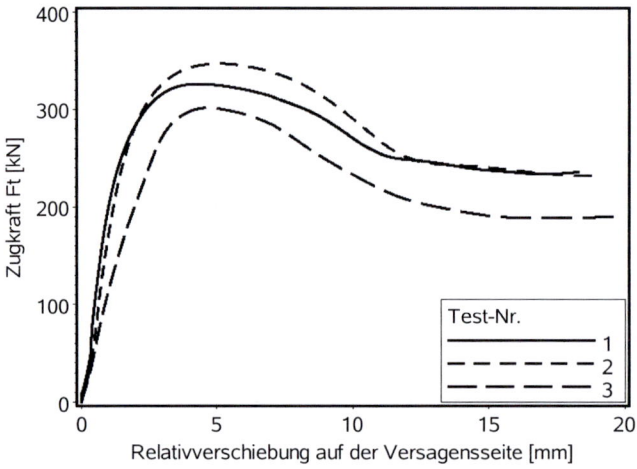

Bild 3-10   Lastverformungskurven der Zugversuche

Bild 3-11   Relativverschiebung zwischen Holz und Stahlwinkel (links) und lokale Zerstörung des Holzes im sichtbaren Bereich des Schraubkanals (rechts)

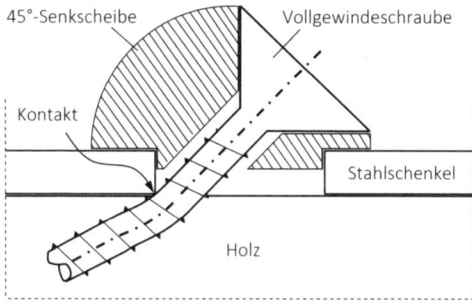

*Bild 3-12   Biegeverformung der Vollgewindeschrauben im Übergangs-
bereich von der Senkscheibe ins Holz*

3.7.1   Tragfähigkeitsanalyse der Zugversuche

Es wird nachfolgend die Anwendbarkeit der Modellgleichung (4) er-
probt, indem die Zugtragfähigkeiten der drei geprüften Basisverbindungen berechnet werden. Die so ermittelten Erwartungswerte werden
dann mit den experimentellen Tragfähigkeiten verglichen. Der Berechnung liegt die modellhafte Annahme zugrunde, dass die Tragfähigkeit
je Scherfuge der Komponente des Ausziehwiderstands einer Schraube
parallel zur Scherfuge entspricht. Die erforderlichen Werte und Re-
chenschritte sind in Tabelle 3-7 zusammengefasst. Für die Abschätzung
der Ausziehwiderstände müssen zunächst die Feuchtdichte und die
Holzfeuchte im die Schrauben umgebenden Holz bekannt sein. Unmittelbar nach den Zugversuchen wurden diese Werte in einer kreuzförmigen Scheibe ermittelt, die sich in der Mitte der Prüfkörper befand.
Im Einzelnen wurden die Werte in fünf die kreuzförmige Scheibe zu-
sammensetzenden Quadern bestimmt. Die entsprechenden Einzeler-
gebnisse der Feuchtdichten und Holzfeuchten zeigt die Grafik in Bild
3-13, wobei auf den Fotografien auch einige Schraubkanäle erkennbar
sind. In der Grafik sind den einzelnen Quadern die entsprechenden physikalischen Werte zugewiesen.

*Tabelle 3-7   Rechnerische Ermittlung der Zugtragfähigkeit ($F_{t,max,p}$) und
Vergleich mit den experimentellen Tragfähigkeiten ($F_{t,max}$)*

Nr.	ℓ_{ef}	$\rho_{u,mean}$	u_{mean}	$R_{ax,p}$	$n \cdot \cos(\alpha)$	$F_{t,max,p}$	$F_{t,max}$	$\dfrac{F_{t,max}}{F_{t,max,p}}$
	mm	kg/m³	-	kN	-	kN	kN	-
1	80	651	0,303	15,2	28·0,707	302	326	1,08
2	80	787	0,480	16,1	28·0,707	320	347	1,09
3	80	588	0,268	14,0	28·0,707	277	302	1,09

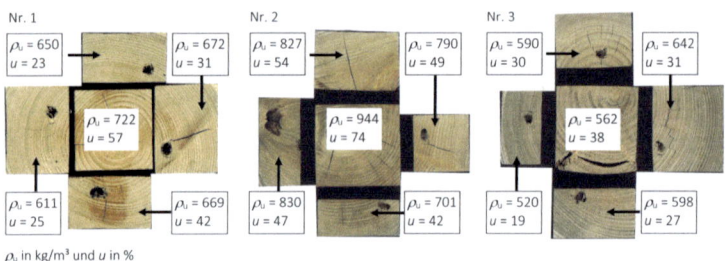

*Bild 3-13   Physikalische Verhältnisse in den fünf Quadern
der kreuzförmigen Prüfkörper*

Mit den Werten, die auf die äußeren Quader entfallen, wurden Mittel-
werte der Feuchtdichte ($\rho_{u,mean}$) und der Holzfeuchte (u_{mean}) für jeden
der drei Prüfkörper berechnet. Die Eindringtiefe (ℓ_{ef}) betrug unter Ab-
zug der 45°-Senkscheibe und Stahlschenkel-Dicke für alle Schrauben
80 mm. In Abhängigkeit dieser drei Werte wurde für jeden Zugprüfkörper der Erwartungswert des Ausziehwiderstands ($R_{ax,p}$) und die Zugtragfähigkeit der Verbindung ($F_{t,max,p}$) berechnet, wobei der modellhaften
Annahme entsprechend berücksichtigt ist, dass alle 28 Schrauben einer
Anschlussseite unter einem Winkel (α) von 45 °eingedreht sind.

Schließlich werden die experimentellen Werte der Zugtragfähigkeit auf die Erwartungswerte bezogen. Alle so berechneten Verhältnisse betragen 1,08 bzw. 1,09. Diese Werte geben Aufschluss über weitere Tragfähigkeitsanteile, die durch Haftkräfte in der Kontaktfläche zwischen Stahl und Holz und unter anderem durch Biegewiderstände der Schrauben begründet sind, vgl. [33]. Rechnerisch beträgt die Zugtragfähigkeit ohne Berücksichtigung weiterer Tragfähigkeitsanteile 71 % der Summe der Ausziehwiderstände der unter 45° eingedrehten Schrauben. Mit der Zugtragfähigkeit identisch ist dann ebenfalls die Summe der Kräfte, mit denen die Stahlwinkel an das Holz gepresst werden. Insofern ist es plausibel, im vorliegenden Fall von weiteren Tragfähigkeitsanteilen in Höhe von 10 % auszugehen. Dass die in der Grafik angegebenen Holzfeuchten deutlich unter den Werten in Tabelle 3-4 (Edelkastanie) liegen, ist durch den zeitlichen Abstand begründet, der zwischen der Durchführung der Druckversuche (an den Druckstäben bzw. Druckprüfkörpern) und der Zugversuche (an den Basisverbindungen) lag. Die Druckversuche an Edelkastanie wurden bereits im Januar/Februar 2012, die Zugversuche erst im September/Oktober 2012 durchgeführt. In diesem Zeitraum verringerte sich die Holzfeuchte des Prüfmaterials.

4 Zusammenfassung

Natürlich gewachsenes Rundholz der Holzarten Stieleiche, Edelkastanie und Robinie ist geeignet, in tragenden Holzkonstruktionen zur Übertragung von Druckkräften verwendet zu werden. Die natürliche Dauerhaftigkeit dieser Holzarten spricht für die Verwendung in frei bewitterten Konstruktionen, bei denen ein regelmäßiges Erscheinungsbild der einzelnen Bauteile nicht erforderlich ist. Auf der Grundlage von 105 Druckversuchen an Druckstäben aus Stieleiche, Edelkastanie und Robinie wurde ein Modell für die Drucktragfähigkeit von natürlich gewachsenen Stäben aus diesen drei Holzarten hergeleitet. Es ist gültig für Stäbe mit einer Knicklänge von 4,8 m, relevanten Querschnittsflächen zwischen 200 und 800 cm² und einer zwischen Stabsehne und Stabachse vorhandenen Exzentrizität von höchstens 250 mm. Die Tragfähigkeiten solcher Stäbe liegen zwischen 100 und 1100 kN, wobei eine in den Stäben vorhandene Holzfeuchte zugrunde liegt, die die Fasersättigung übersteigt. Das Tragfähigkeitsmodell, dessen unabhängige Variablen die Querschnittsfläche und die Abweichung von der Geradheit sind, ist zur Festlegung von Sortierkriterien bzw. Grenzwerten geeignet. Die Grundlagen für eine Klassifizierung nach der Tragfähigkeit sind damit gegeben. Auszichversuche mit Vollgewindeschrauben unter Verwendung der drei Holzarten belegen, dass auch bei einer Holzfeuchte oberhalb der Fasersättigung hohe Ausziehparameter wirksam sind. Diese liegen im Mittel bei 30, 20 und 35 N/mm² für Stieleiche, Edelkastanie bzw. Robinie. Zugversuche an einem Prototyp einer modularen Basisverbindung belegen, dass praxistaugliche Zugstöße zwischen natürlich gewachsenen Stammabschnitten aus Edelkastanie mit einer Zugtragfähigkeit von bis zu 350 kN erzielt werden können. Die experimentellen Zugtragfähigkeiten sind rechnerisch erklärbar. Da sie sich dadurch ingenieurmäßig erfassen lassen, sind in Abhängigkeit von Holzart und Anzahl der verwendeten Schrauben weitaus höhere Tragfähigkeiten möglich. Ziel des

Forschungsprojekts war auch die Benennung von weiterem Forschungsbedarf auf dem Gebiet der baulichen Verwendung von natürlich gewachsenem Rundholz. Dieser betrifft vor allem folgende Fragestellungen: das Trag- und Verformungsverhalten von natürlich gewachsenen Stammabschnitten unter Langzeitbeanspruchung, die im verbauten Zustand der Trocknung unterliegen; die Zugtragfähigkeit von natürlich gewachsenen Stammabschnitten, insbesondere die Frage, inwieweit diese durch die Drucktragfähigkeit zahlenmäßig dargestellt werden kann; den Einfluss der Knicklänge; umfassendere experimentelle Arbeiten zu Verbindungen zwischen natürlich gewachsenen Stammabschnitten; die tatsächliche Dauerhaftigkeit der Holzarten im verbauten Zustand und die Korrosionsbeständigkeit von Verbindungsmitteln.

Es wäre wünschenswert, wenn die bereits jetzt erarbeiteten Ergebnisse in ein Pilotprojekt münden würden. Geeignet erscheint den Verfassern dazu der Bau einer kleinen Brücke in Fachwerkbauweise, die beispielsweise forstwirtschaftlichen Zwecken dient.

Literaturverzeichnis

[1] DIN 4074-2:1958 Bauholz für Holzbauteile – Gütebedingungen für Baurundholz (Nadelholz)

[2] DIN 1052:2008-12 Entwurf, Berechnung und Bemessung von Holzbauwerken – Allgemeine Bemessungsregeln und Bemessungsregeln für den Hochbau

[3] DIN 21320:1987 Grubenrundholz – Technische Güte- und Lieferbedingungen

[4] EN 12699:2000 Ausführung spezieller geotechnischer Arbeiten (Spezialtiefbau) – Verdrängungspfähle

[5] Ranta-Maunus A (ed) (1999) Round small-diameter timber for construction. VTT publications 383, Technical Research Centre of Finland, Espoo

[6] Wolfe R (2000) Research challenges for structural use of small-diameter round timbers. Forest Products Journal 50(2):21-29

[7] Stern EG (2001) Construction with small-diameter roundwood. Forest Products Journal 51(4):71-82

[8] Eckelman CA, Senft JF (1995) Truss system for developing countries using small diameter roundwood and dowel nut connection. Forest Products Journal 45(10):77-80

[9] Lusambo E, Wills BMD (2002) The strength of wire-connected round timber joints. Biosystems Engineering 82:339-350

[10] Eckelman CA (2004) Exploratory study of high-strength, low-cost through-bolt with cross-pipe and nut connections for square and roundwood timber frame construction. Forest Products Journal 54(12):29-37

[11] Eckelman CA, Haviarova E, Erdil Y (2007) Exploratory study of small timber trusses constructed with through-bolt and cross-pipe heel connectors. Forest Products Journal 57(3):39-47

[12] Shim KB, Wolfe RW, Begel M (2009) Nailed mortised-plate connections for small-diameter round timber. Wood and Fiber Science 41:313-321

[13] Gorman TM, Kretschmann DE, Begel M et al. (2012) Assessing the capacity of three types of round-wood connections. In: Quenneville P (ed) Proceedings of the 12th World Conference on Timber Engineering, Auckland, 15-19 July 2012. Curran Associates Inc, Red Hook, NY

[14] Brito LD, Junior CC (2012) Types of connections for structural elements roundwood used in Brazil. In: Quenneville P (ed) Proceedings of the 12th World Conference on Timber Engineering, Auckland, 15-19 July 2012. Curran Associates, Inc., Red Hook, NY

[15] Wolfe R, Moseley C (2000) Small-diameter log evaluation for value-added structural applications. Forest Products Journal 50(10):48-58

[16] Wolfe R, Murphy J (2005) Strength of small-diameter round and tapered bending members. Forest Products Journal 55(3):50-55

[17] Green DW, Gorman TM, Evans JW et al. (2008) Grading and properties of small-diameter Douglas-fir and ponderosa pine tapered logs. Forest Products Journal 58(11):33-41

[18] Burton R, Dickson M, Harris R (1998) The use of roundwood thinnings in buildings – a case study. Building Research & Information 26(2):76-93

[19] Cantrell R, Paun D, LeVan-Green S (2004) An empirical analysis of an innovative application for an underutilized resource: small-diameter roundwood in recreational buildings. Forest Products Journal 54(9):28-35

[20] Yeh Mc, Lin Yl (2007) Use of small thinning logs in a round-wood trussed bridge. Forest Products Journal 57(3):34-38

[21] Clark R (2000) The Solar Canopy and sustainable energy promotion. In: Sayigh AAM (ed) Proceedings of the 6th World Renewable Energy Congress, Brighton, 1-7 July 2000. Elsevier Science Ltd, Oxford

[22] Architectural Association Inc (2009) Hooke Park, Buildings & Projects. http://www.aaschool. ac.uk/AALIFE/HOOKEPARK/hookebuildings.php. Accessed 24 April 2013

[23] Trinkert A (2008) Der Turmbau zu Warstein. Bauen mit Holz 110(12):10-13

[24] Trinkert A (2010) Ein Blick bis zu den Alpen. Bauen mit Holz 112(4):14-17

[25] Trinkert A (2012) Mit Blick über das Wasser. Bauen mit Holz 114(7/8):20-23

[26] Schäfer W (2012) Nur scheinbar aus einer anderen Zeit. Bauen mit Holz 114(6):18-22

[27] Blaß HJ, Frese M, Brüchert F et al. (2012) Computertomographische Untersuchungen und Druckversuche an Robinienrundholz. Report No. KIT-SR 7610, KIT Scientific Publishing, Karlsruhe

[28] EN 13556:2003 Rund- und Schnittholz – Nomenklatur der in Europa verwendeten Handelshölzer

[29] EN 10088-3:2005 Nichtrostende Stähle – Teil 3: Technische Lieferbedingungen für Halbzeug, Stäbe, Walzdraht, gezogenen Draht, Profile und Blankstahlerzeugnisse aus korrosionsbeständigen Stählen für allgemeine Verwendung

[30] ETA-11/0284 Europäische Technische Zulassung für HECO-FIX-plus und HECO-TOPIX Schrauben, Gültigkeit vom 5.9.2011 bis 5.9.2016

[31] ETA-11/0190 Europäische Technische Zulassung für Würth Schrauben, Gültigkeit vom 5.9.2011 bis 5.9.2016

[32] Kollmann F (1982) Technologie des Holzes und der Holzwerkstoffe. 2. Aufl., Springer-Verlag, Berlin, Göttingen, Heidelberg

[33] Bejtka I, Blaß HJ (2002) Joints with inclined screws. CIB-W18/35-7-4, Kyoto, Japan

Bezeichnungen

A	Querschnittsfläche der tragenden Holzsubstanz, Kern- und Splintholz umfassend
A_{max}, A_{min}	größte bzw. kleinste Querschnittsfläche der tragenden Holzsubstanz innerhalb der gesamten Stablänge
A_{mean}, $A_{mean,3}$	mittlere Querschnittsfläche der tragenden Holzsubstanz, gemittelt über die gesamte Stablänge bzw. das mittlere Drittel der Stablänge
A_2	Querschnittsfläche der tragenden Holzsubstanz bei den Druckprüfkörpern
a_1	Abstand der Vollgewindeschrauben untereinander in Faserrichtung
CTST	Edelkastanie (Castanea sativa Mill.)
d_1	Nenndurchmesser der Vollgewindeschrauben
e	Fehler bzw. Residuum
e_{res}	resultierender Abstand zwischen Stabsehne und Schwerpunkt des Querschnitts
$e_{res,max}$, $e_{res,max,3}$	größter resultierender Abstand zwischen Stabsehne und Schwerpunkt des Querschnitts innerhalb der gesamten bzw. des mittleren Drittels der Stablänge
e_y, e_z	Abstand in y- bzw. z-Richtung zwischen Stabsehne und Schwerpunkt des Querschnitts
F_{c1}, F_{c2}	Druckkraft bei Belastung der Druckstäbe bzw. Druckprüfkörper
$F_{c1,max}$, $F_{c1,max,P}$	maximale Tragfähigkeit bzw. Erwartungswert der Tragfähigkeit der Druckstäbe
$F_{c2,max}$	maximale Tragfähigkeit der Druckprüfkörper

F_t	Zugkraft bei Belastung der Zugprüfkörper
$F_{t,max}$, $F_{t,max,p}$	maximale Tragfähigkeit bzw. Erwartungswert der Tragfähigkeit der Zugprüfkörper
f_{c2}	Druckfestigkeit der Druckprüfkörper
$f_{m,i}$, $f_{c,i}$	ideelle Biege- bzw. ideelle Druckfestigkeit
ℓ_{ef}	Eindringtiefe der Vollgewindeschrauben
N	Normalverteilung (in Klammern Mittelwert und Standardabweichung)
QCXE	Stieleiche (Quercus robur L.)
R_{ax}, $R_{ax,mean}$	Ausziehwiderstand bzw. Mittelwert des Ausziehwiderstands
$R_{ax,P}$	Erwartungswert des Ausziehwiderstands
ROPS	Robinie (Robinia pseudoacacia L.)
s	Standardabweichung
s_k	Knicklänge der Druckstäbe
u, u_{mean}	Holzfeuchte bzw. Mittelwert der Holzfeuchte
$W_{mean,3}$	Widerstandsmoment eines Ersatzkreisquerschnittes mit der Fläche $A_{mean,3}$
$\overline{x}$	Mittelwert
r^2	Bestimmtheitsmaß
α	Winkel zwischen Schraubenachse und Faserrichtung
δ_{oben}, δ_{unten}	Relativverschiebung zwischen der oberen bzw. unteren Anschlussseite bei den Zugprüfkörpern
Δu	Stabsehnenverkürzung bei den Druckversuchen an den Druckstäben
ρ_u, $\rho_{u,mean}$	Feuchtdichte (aus Masse und Volumen der feuchten Probe) bzw. Mittelwert der Feuchtdichte

Anhang

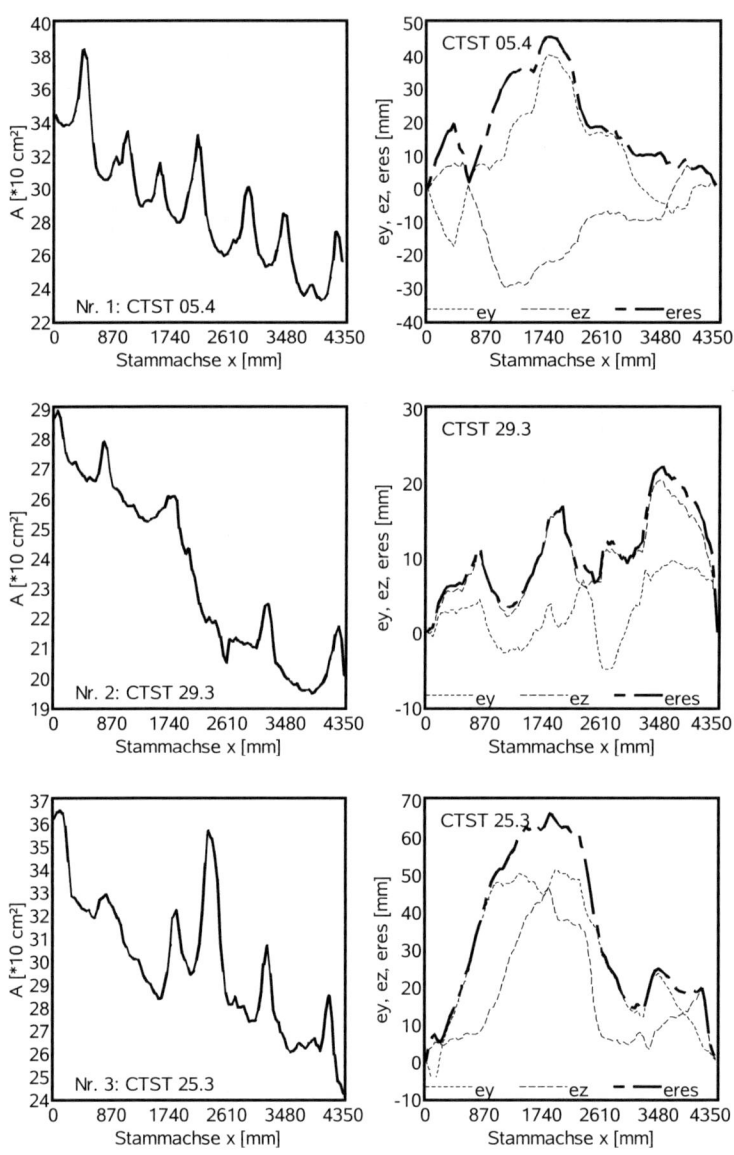

Bild 4-1   Querschnittsfläche und Exzentrizität

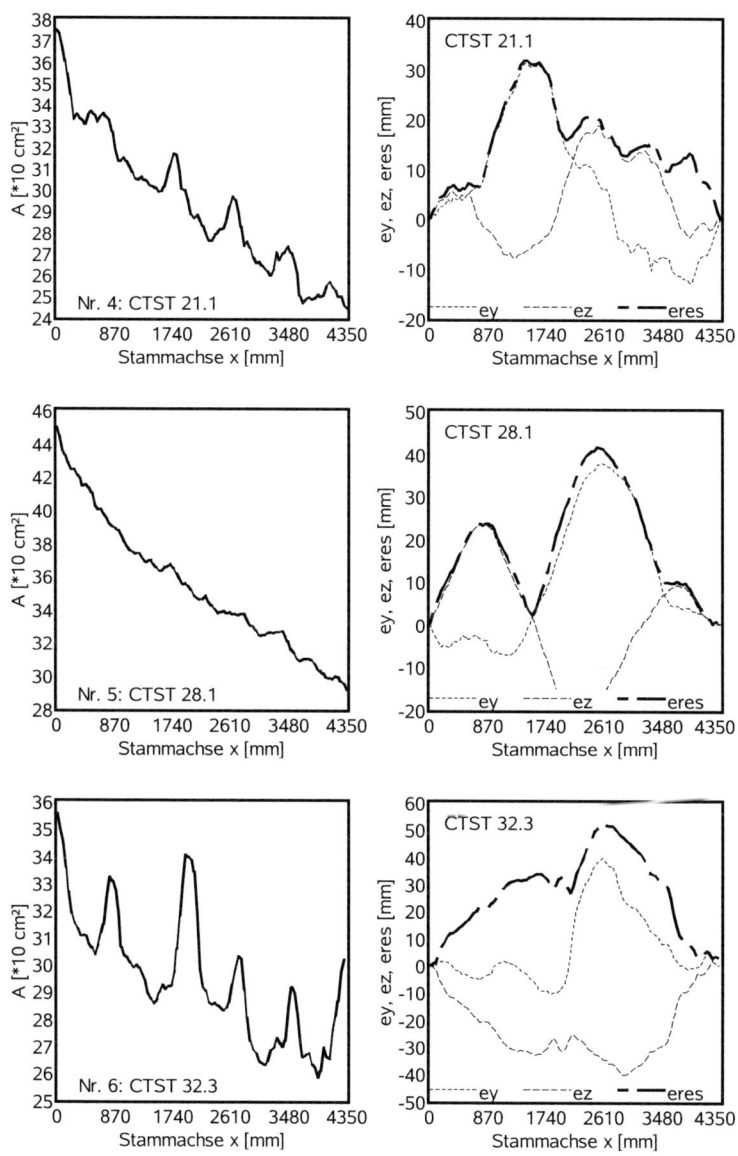

Bild 4-1   (Forts.) Querschnittsfläche und Exzentrizität

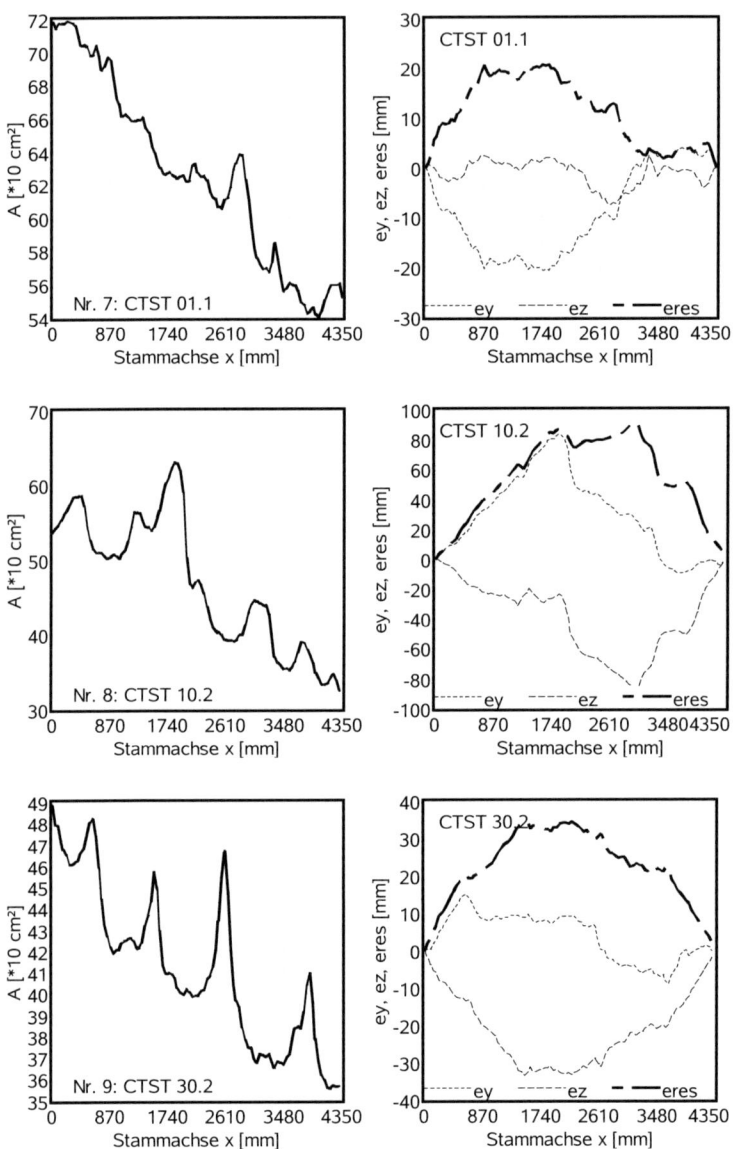

Bild 4-1   (Forts.) Querschnittsfläche und Exzentrizität

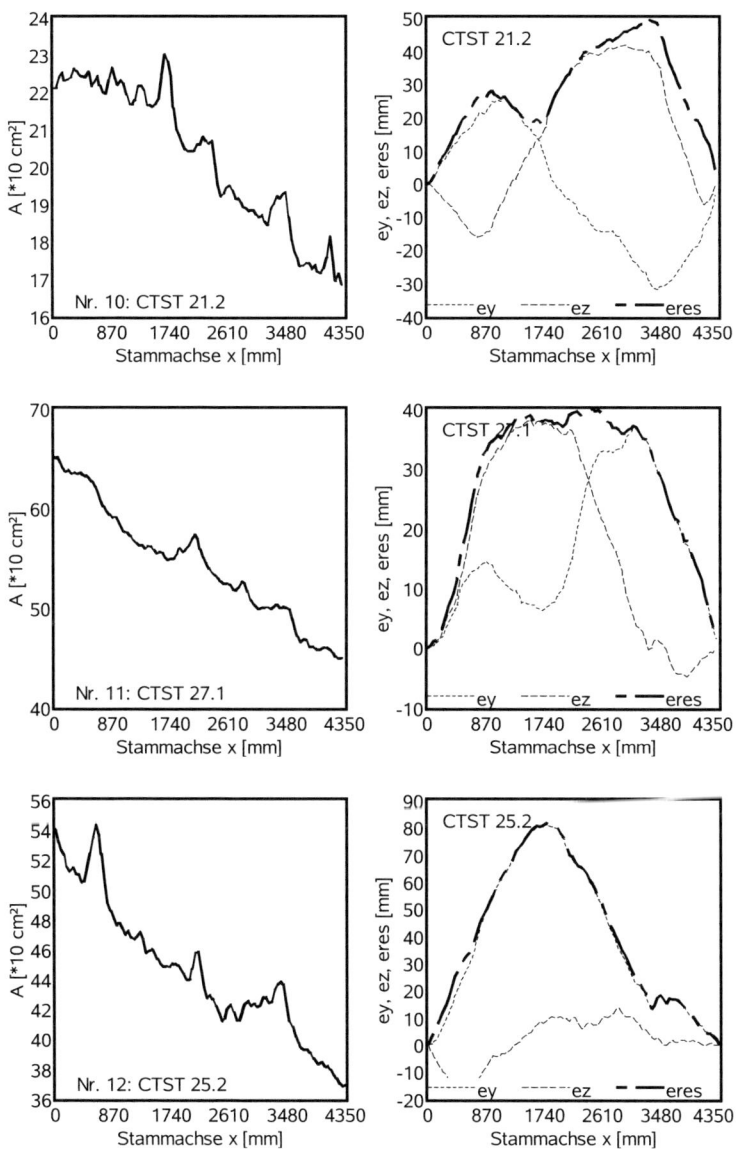

Bild 4-1   (Forts.) Querschnittsfläche und Exzentrizität

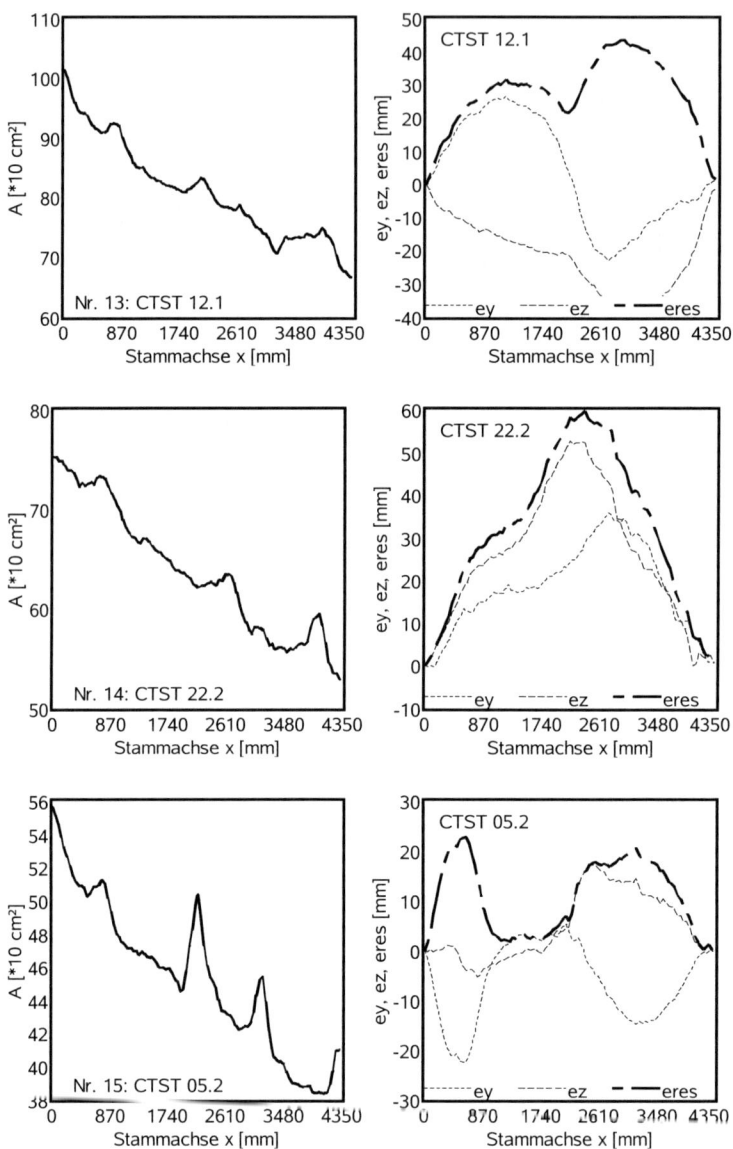

Bild 4-1   (Forts.) Querschnittsfläche und Exzentrizität

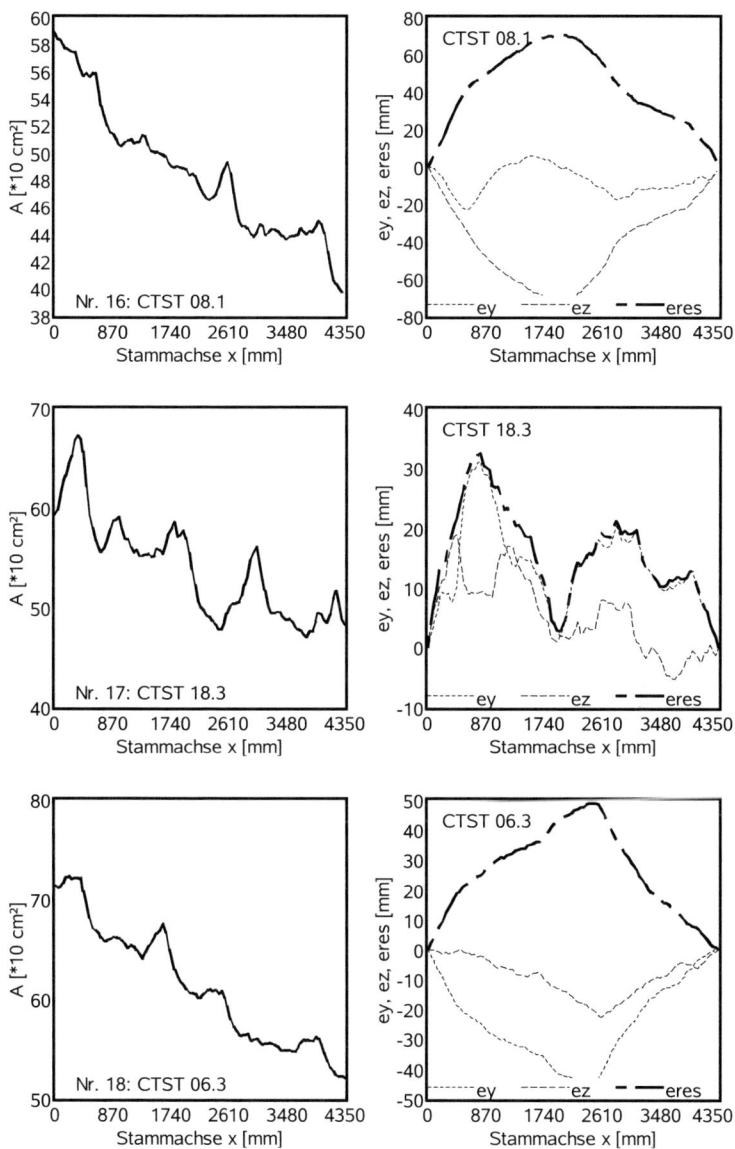

Bild 4-1   (Forts.) Querschnittsfläche und Exzentrizität

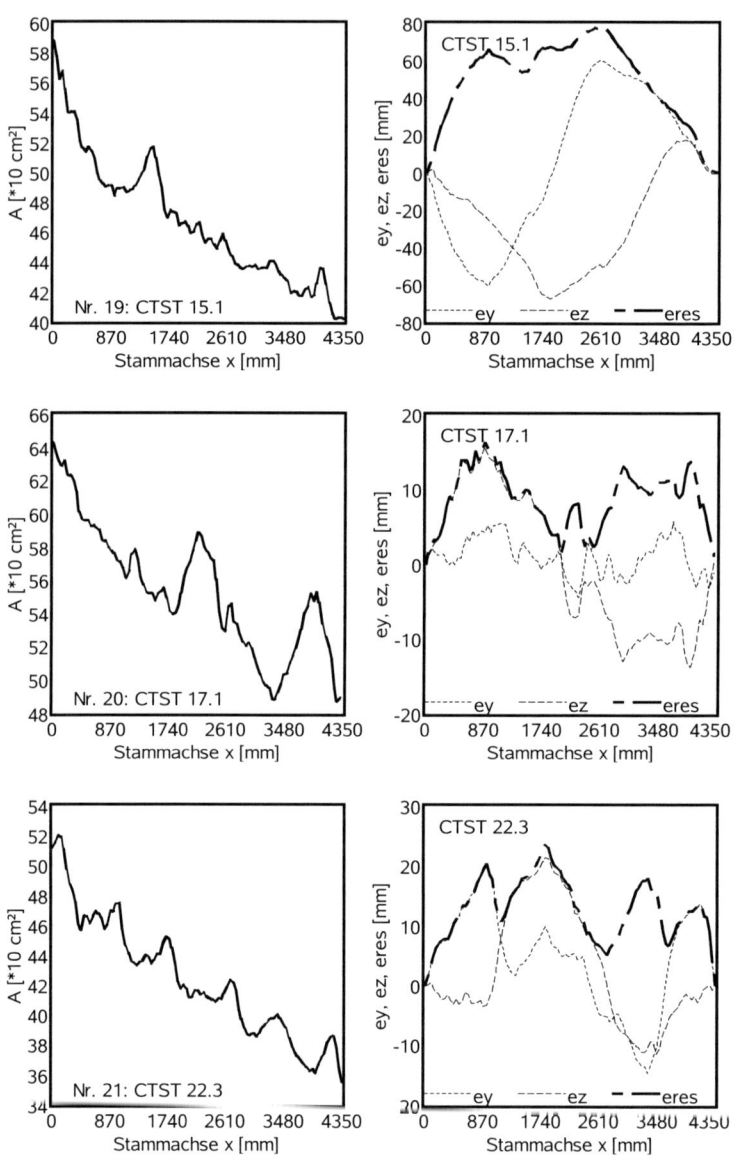

Bild 4-1   (Forts.) Querschnittsfläche und Exzentrizität

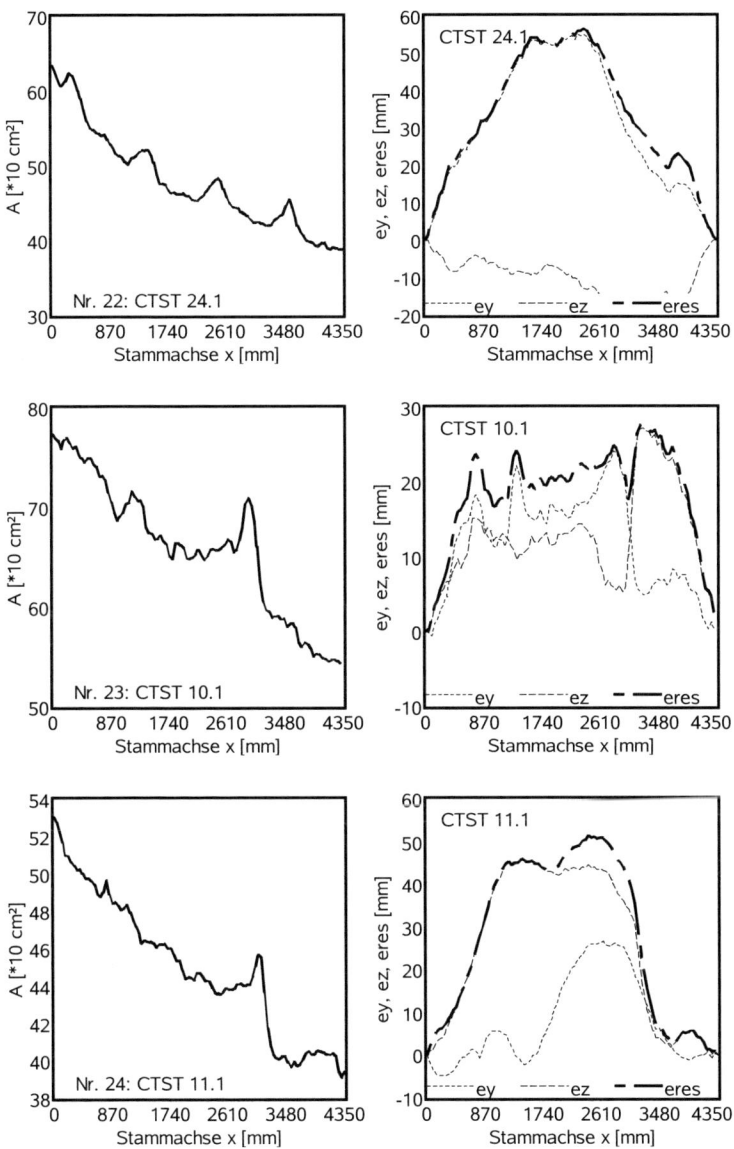

Bild 4-1   (Forts.) Querschnittsfläche und Exzentrizität

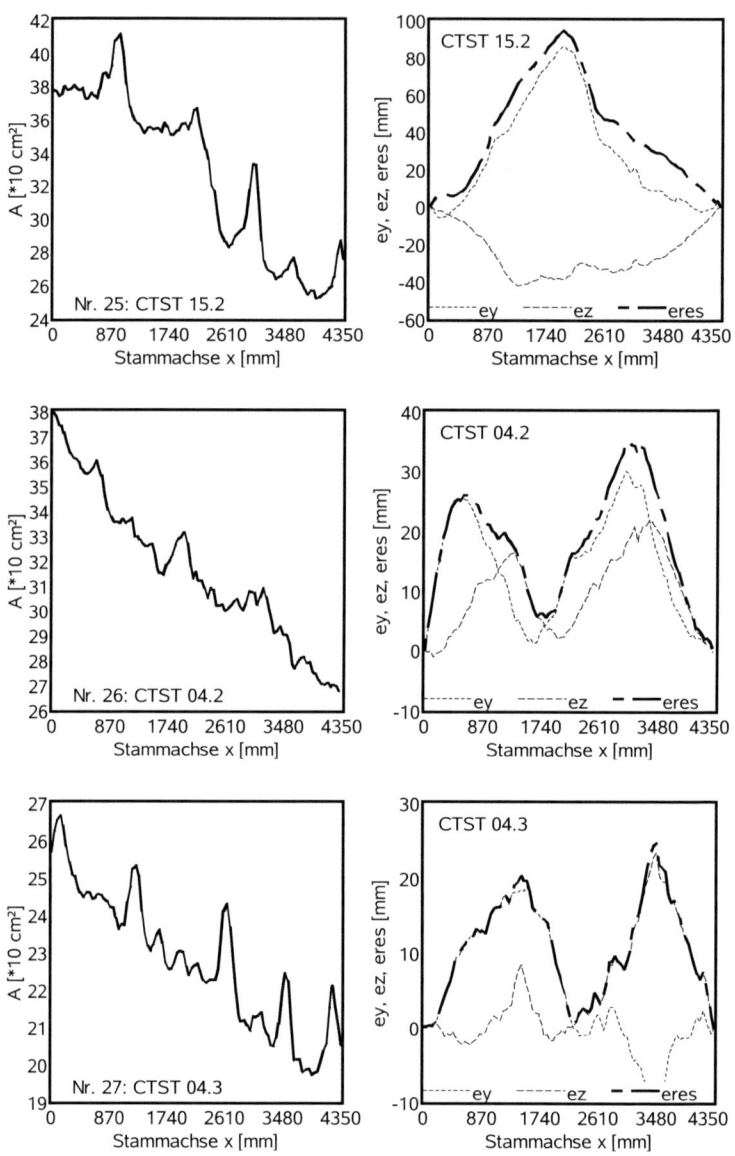

Bild 4-1   *(Forts.) Querschnittsfläche und Exzentrizität*

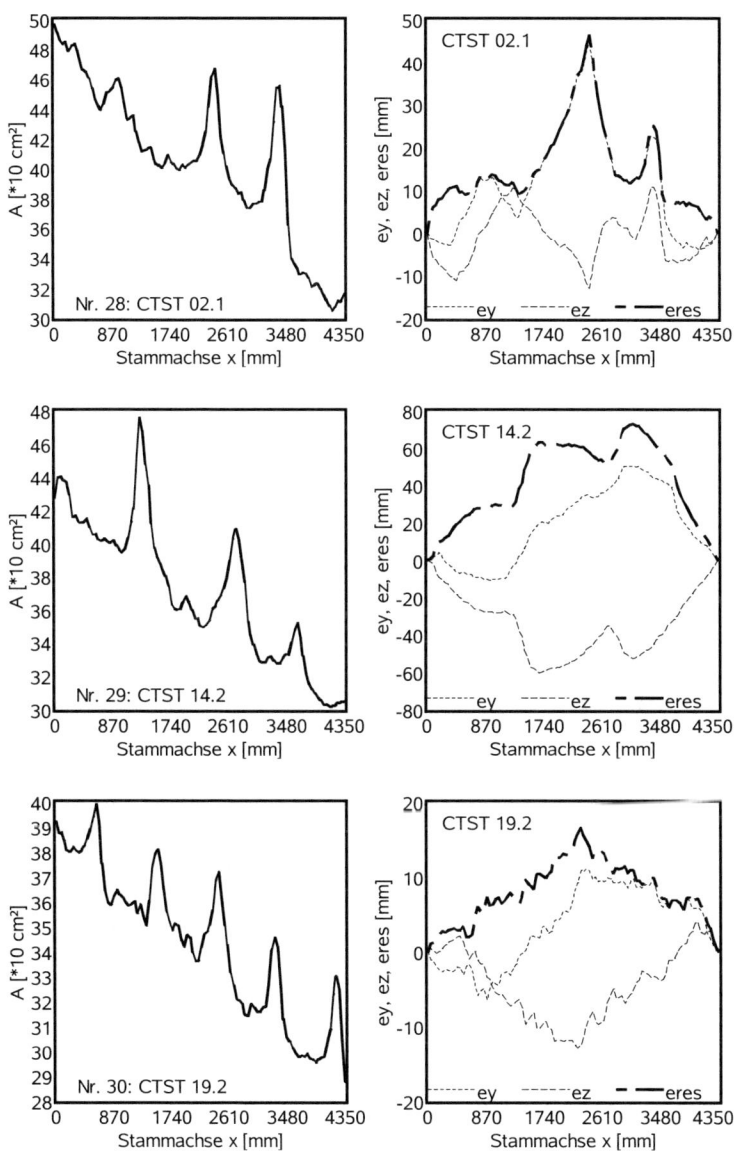

Bild 4-1   (Forts.) Querschnittsfläche und Exzentrizität

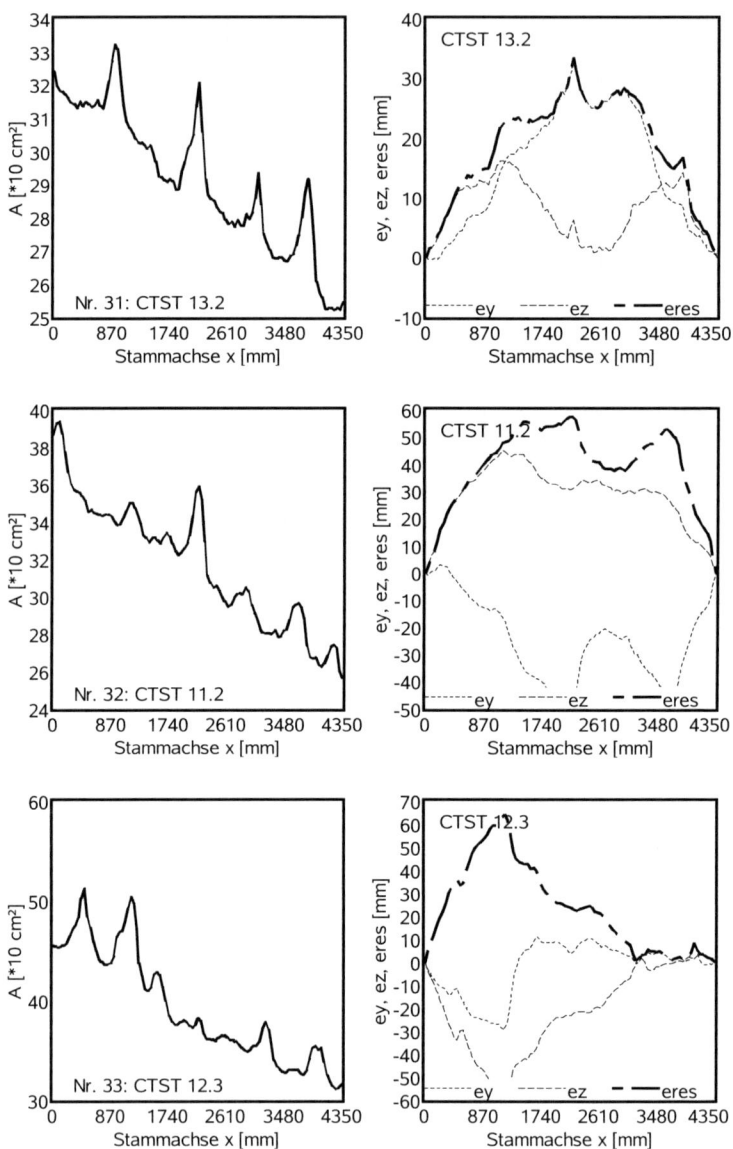

Bild 4-1   (Forts.) Querschnittsfläche und Exzentrizität

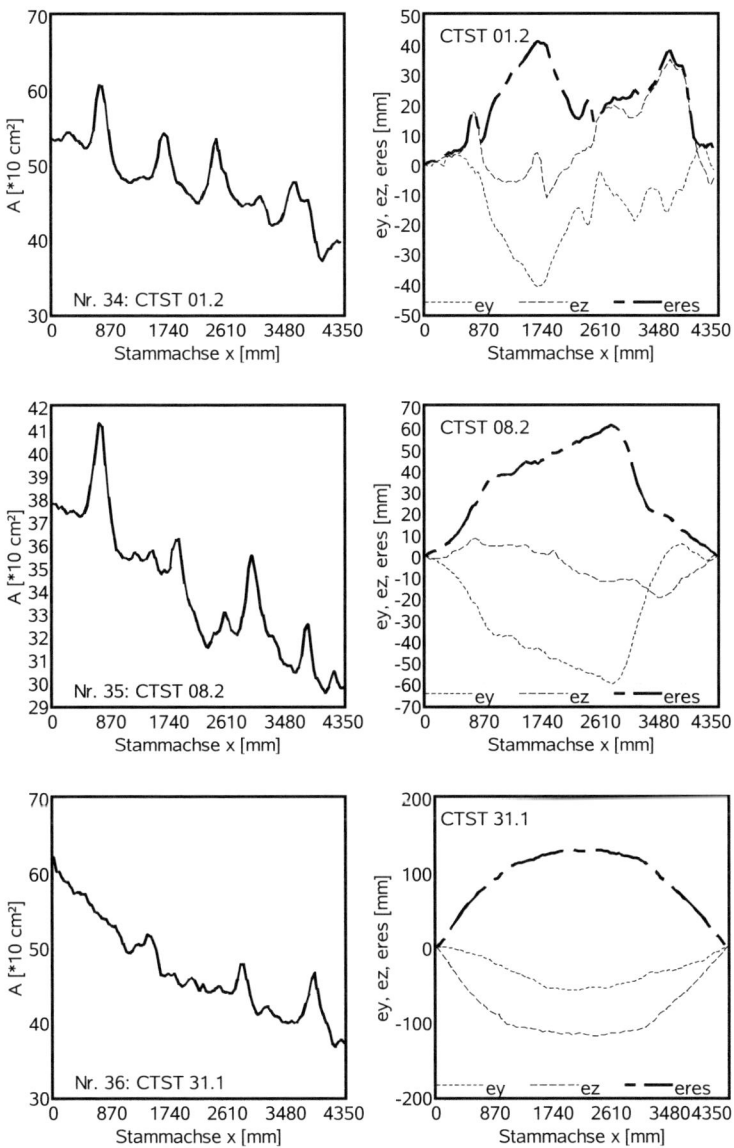

Bild 4-1   (Forts.) Querschnittsfläche und Exzentrizität

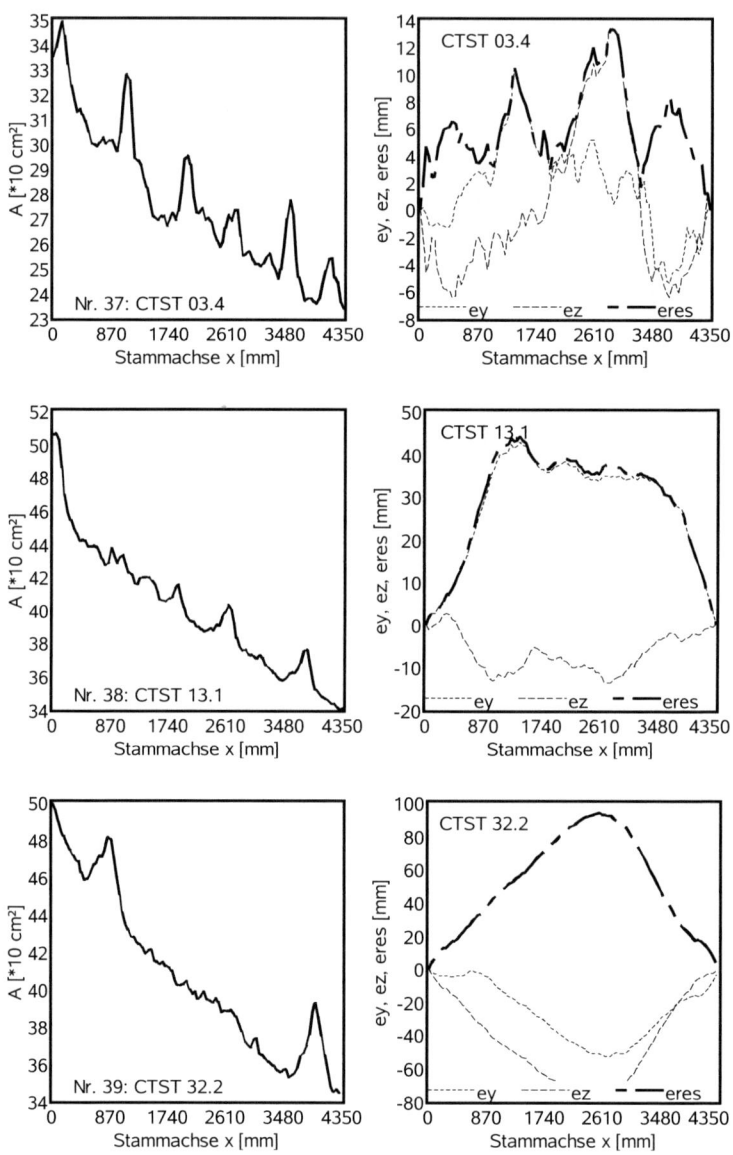

Bild 4-1   (Forts.) Querschnittsfläche und Exzentrizität

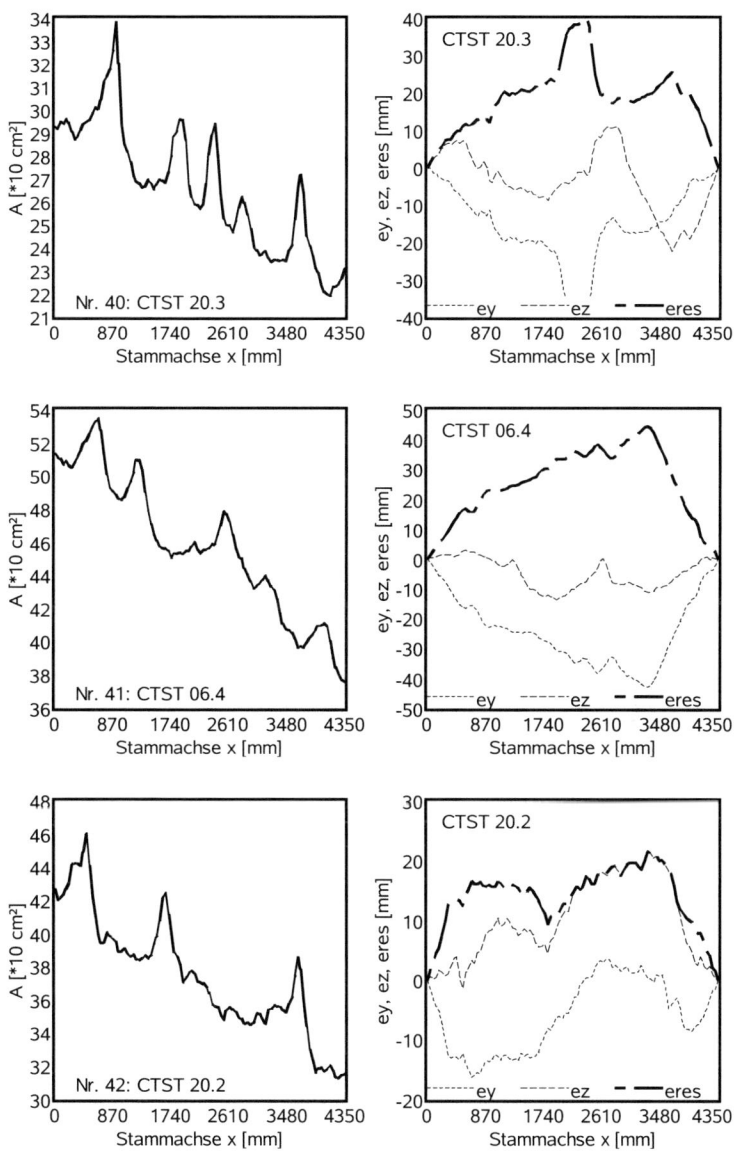

Bild 4-1   (Forts.) Querschnittsfläche und Exzentrizität

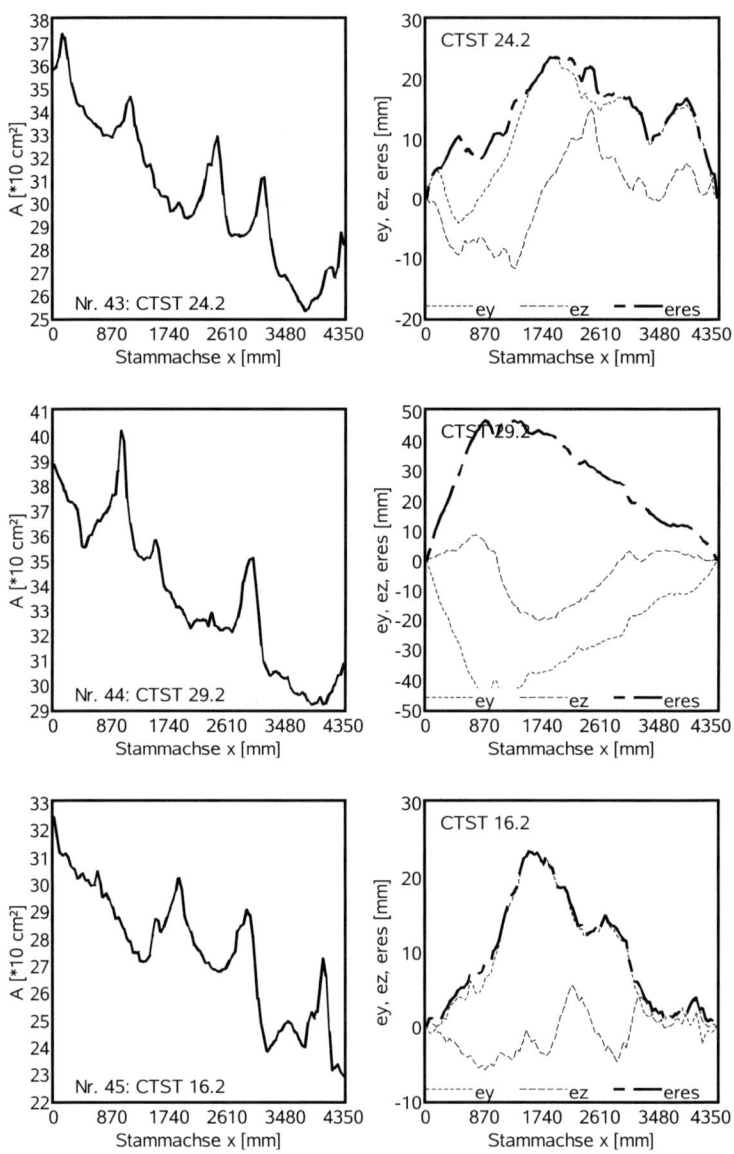

Bild 4-1   (Forts.) Querschnittsfläche und Exzentrizität

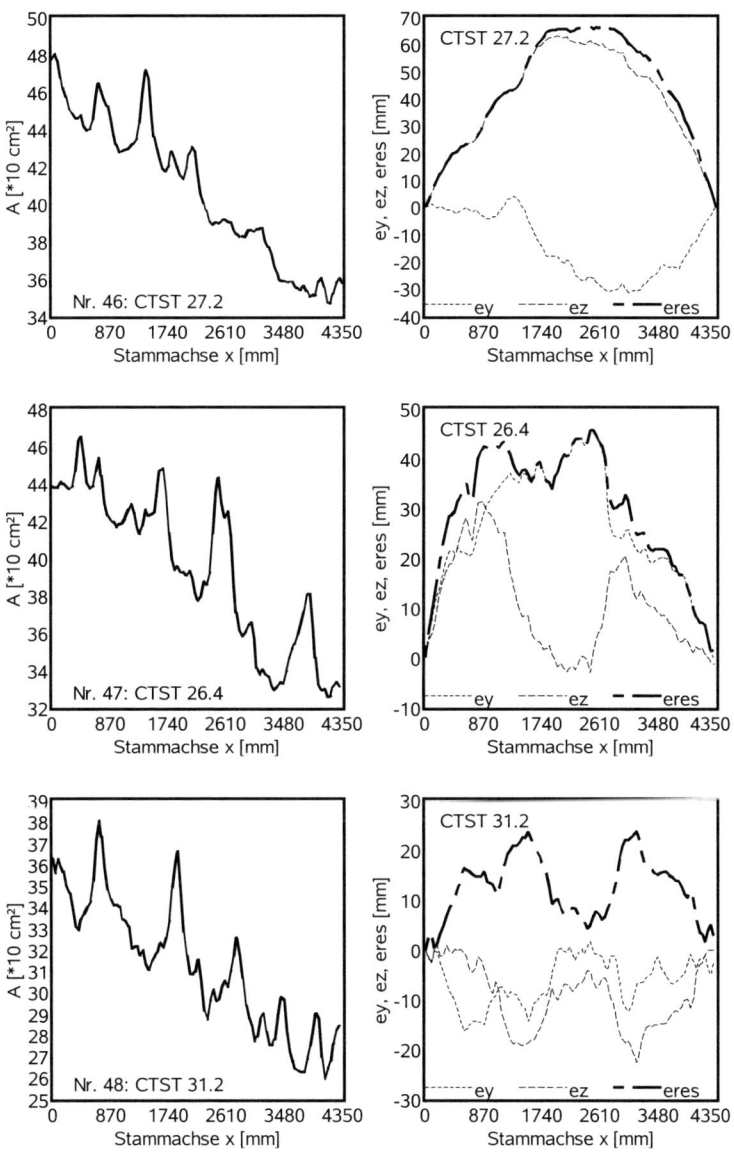

Bild 4-1   (Forts.) Querschnittsfläche und Exzentrizität

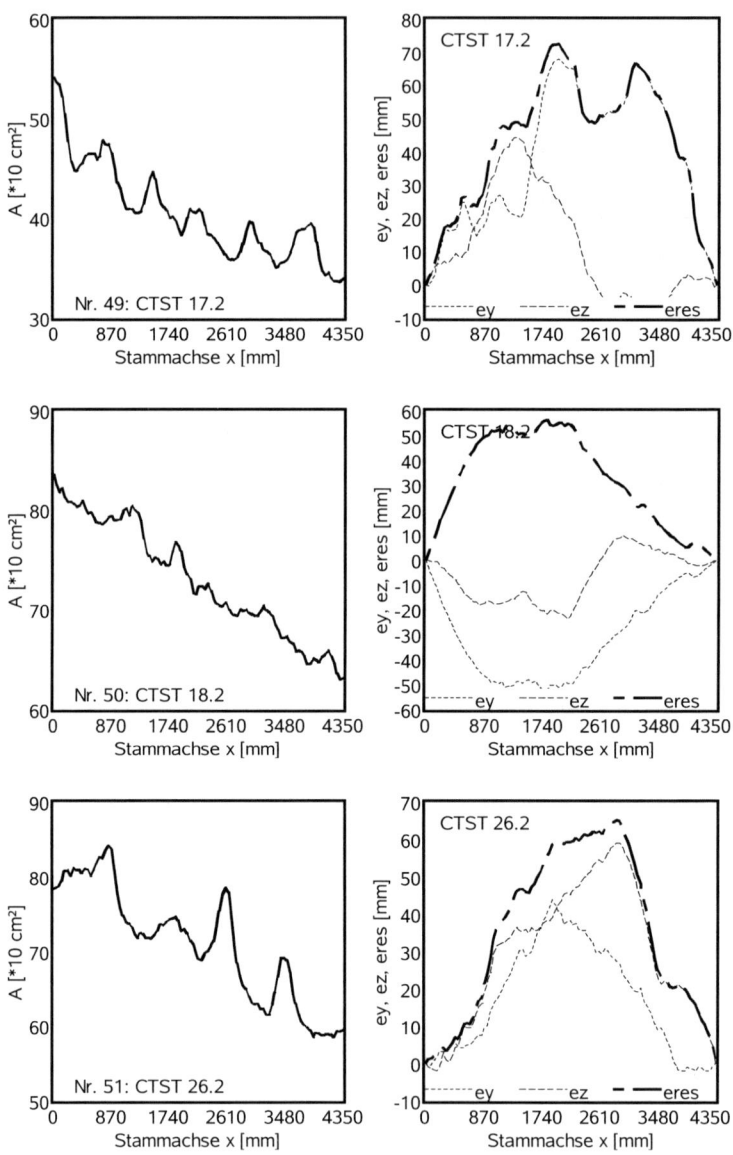

Bild 4-1   (Forts.) Querschnittsfläche und Exzentrizität

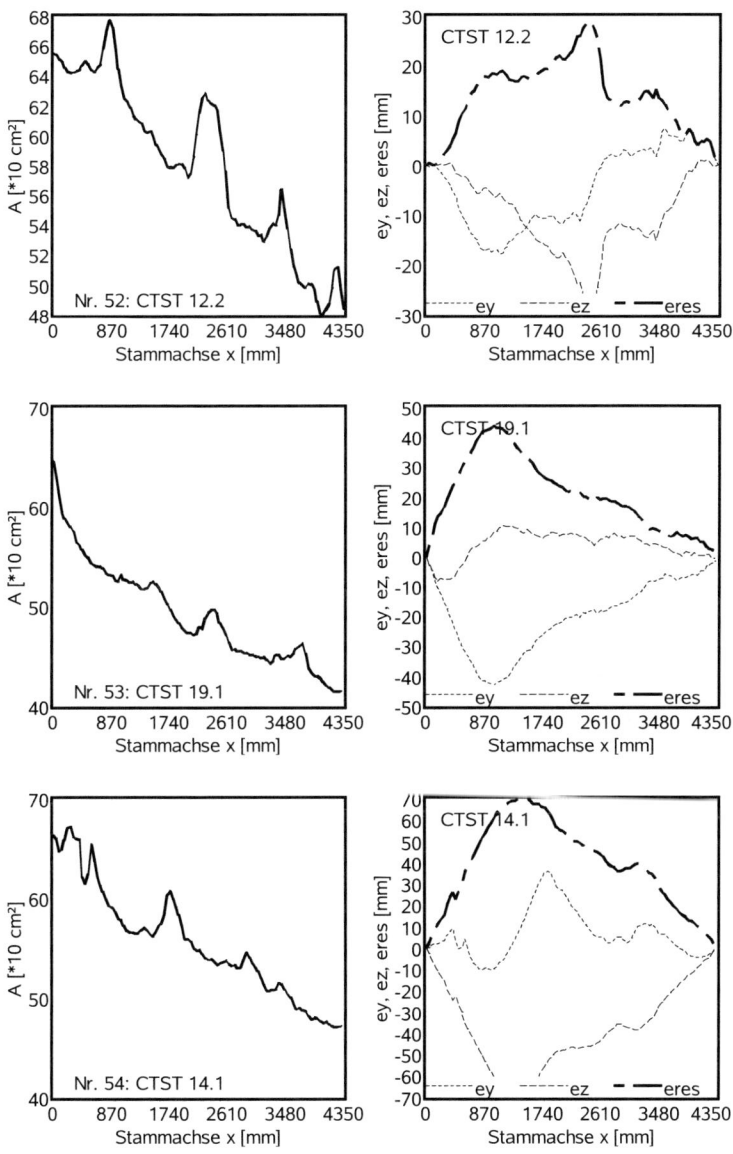

Bild 4-1   (Forts.) Querschnittsfläche und Exzentrizität

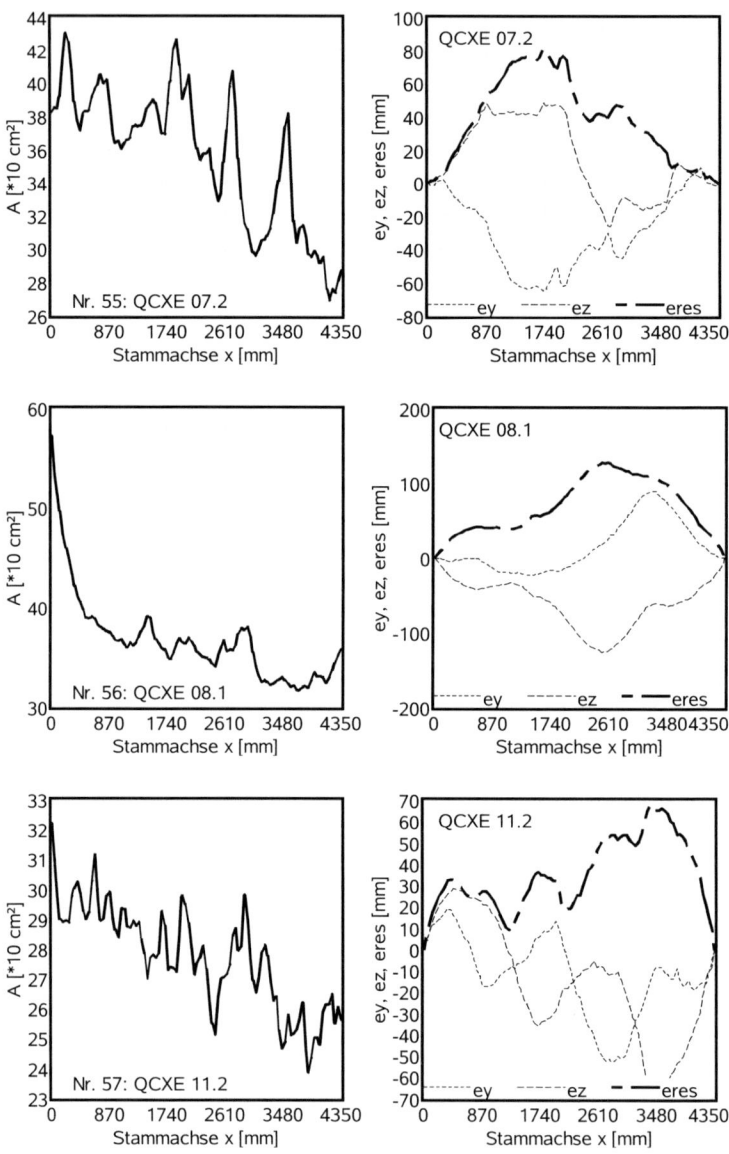

Bild 4-1   (Forts.) Querschnittsfläche und Exzentrizität

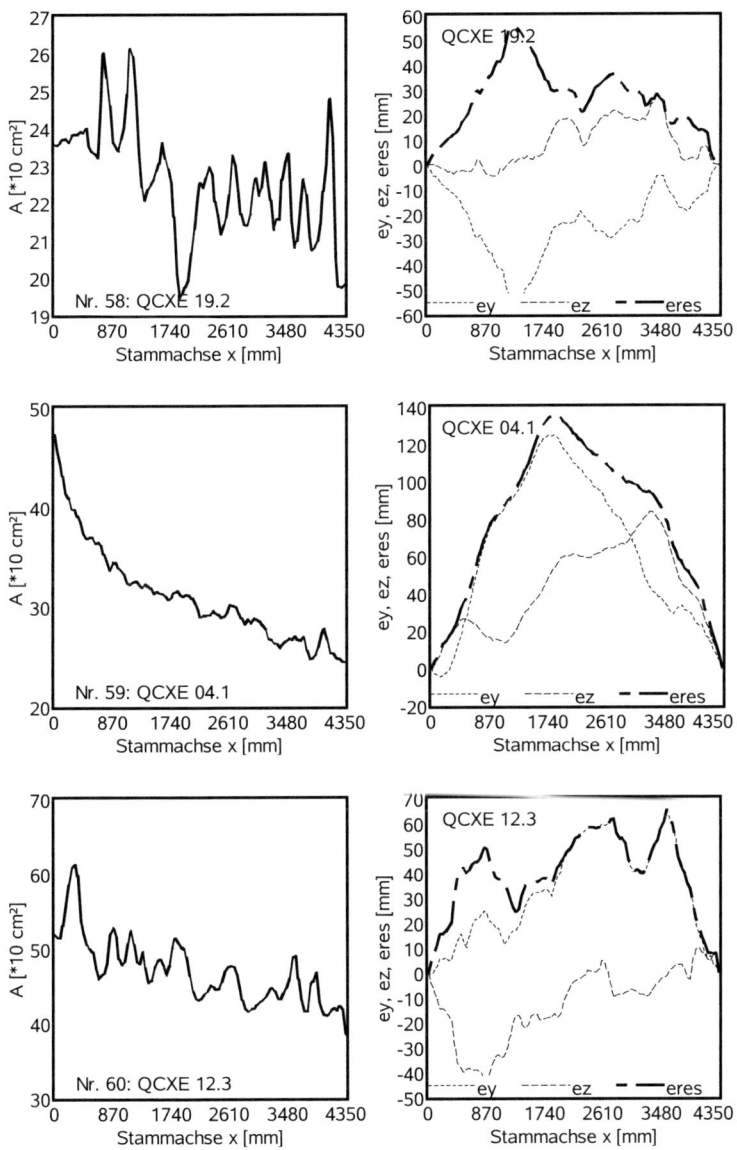

Bild 4-1   *(Forts.) Querschnittsfläche und Exzentrizität*

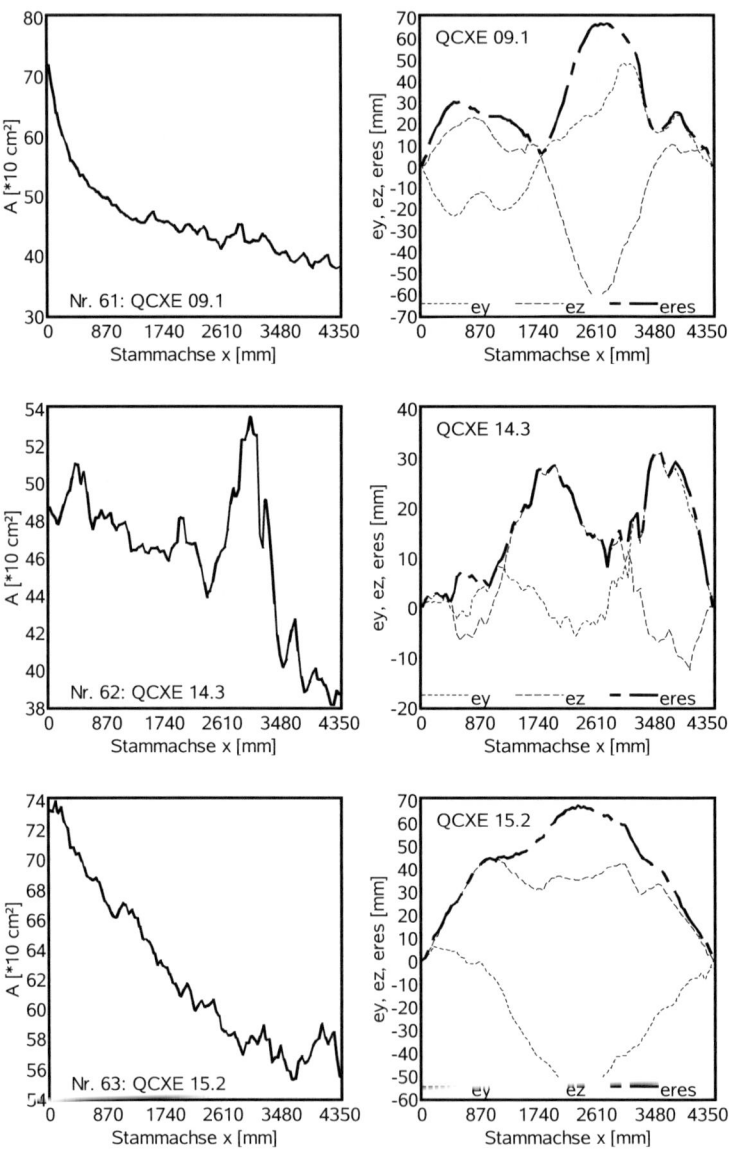

Bild 4-1   (Forts.) Querschnittsfläche und Exzentrizität

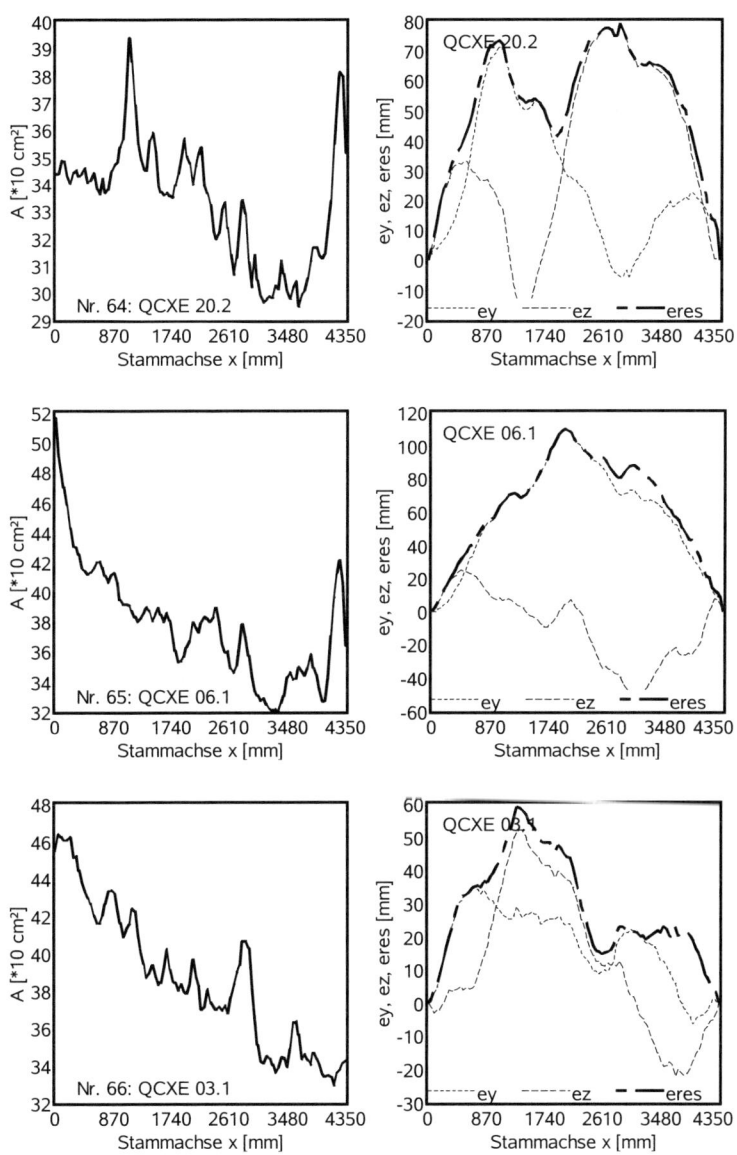

Bild 4-1 (Forts.) Querschnittsfläche und Exzentrizität

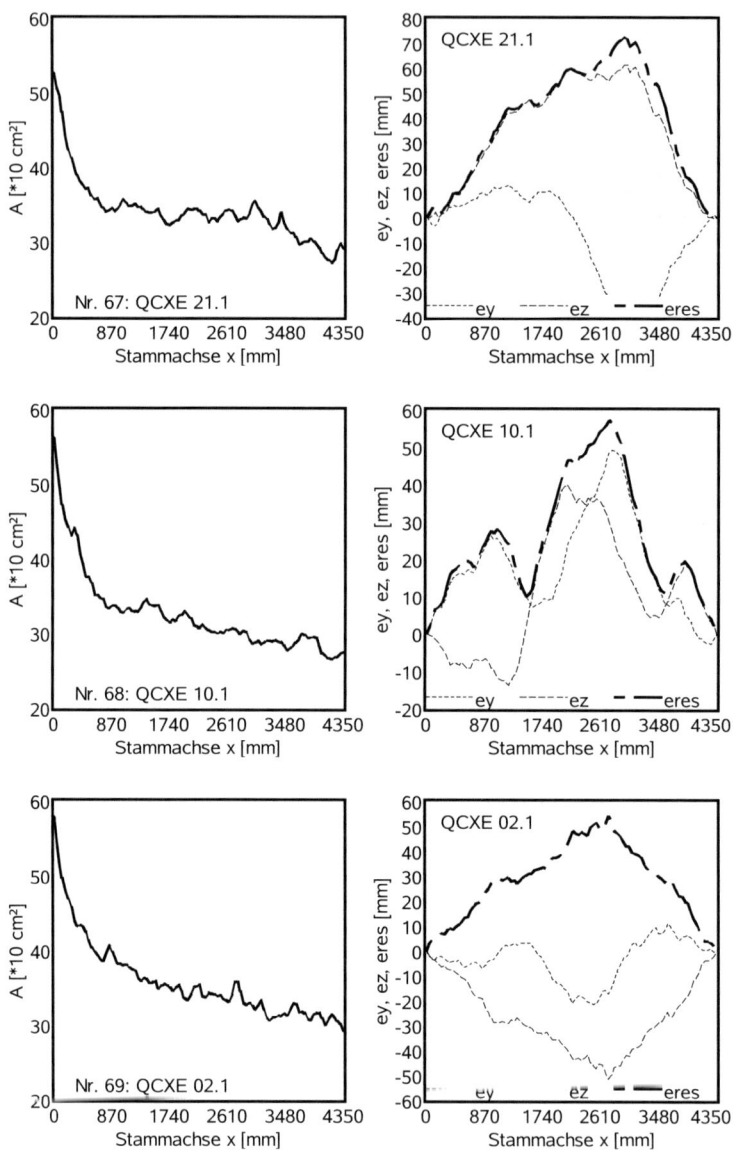

Bild 4-1   (Forts.) Querschnittsfläche und Exzentrizität

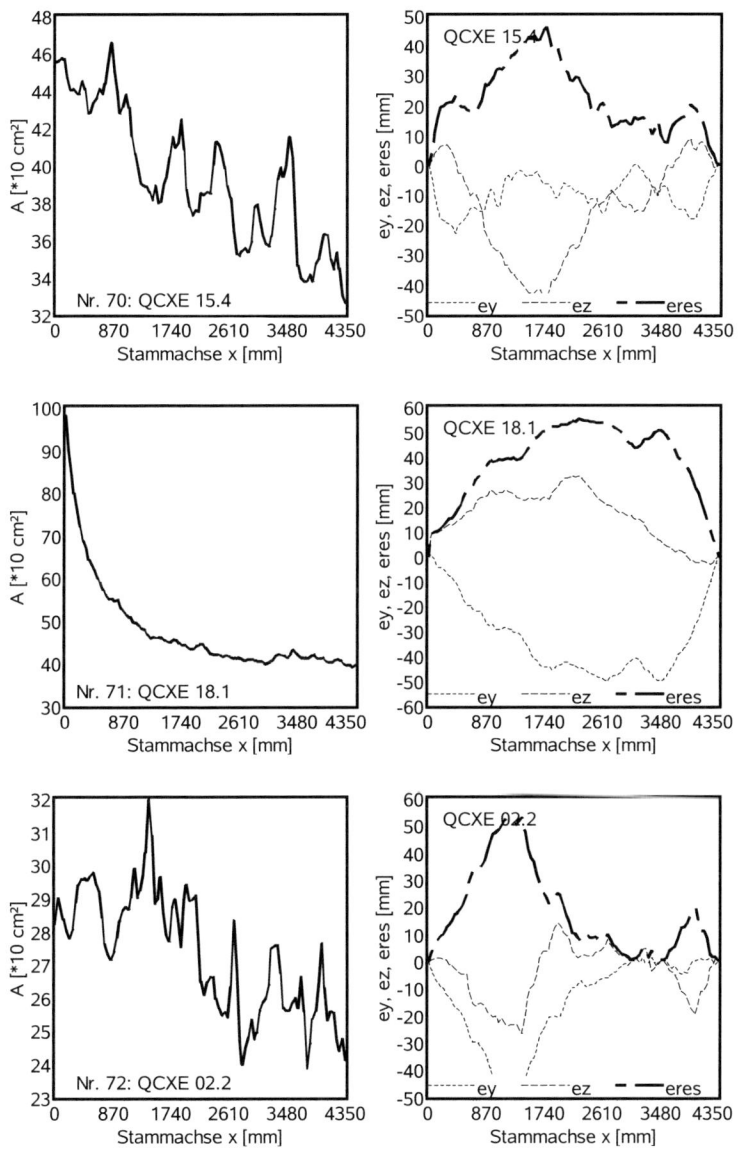

Bild 4-1   (Forts.) Querschnittsfläche und Exzentrizität

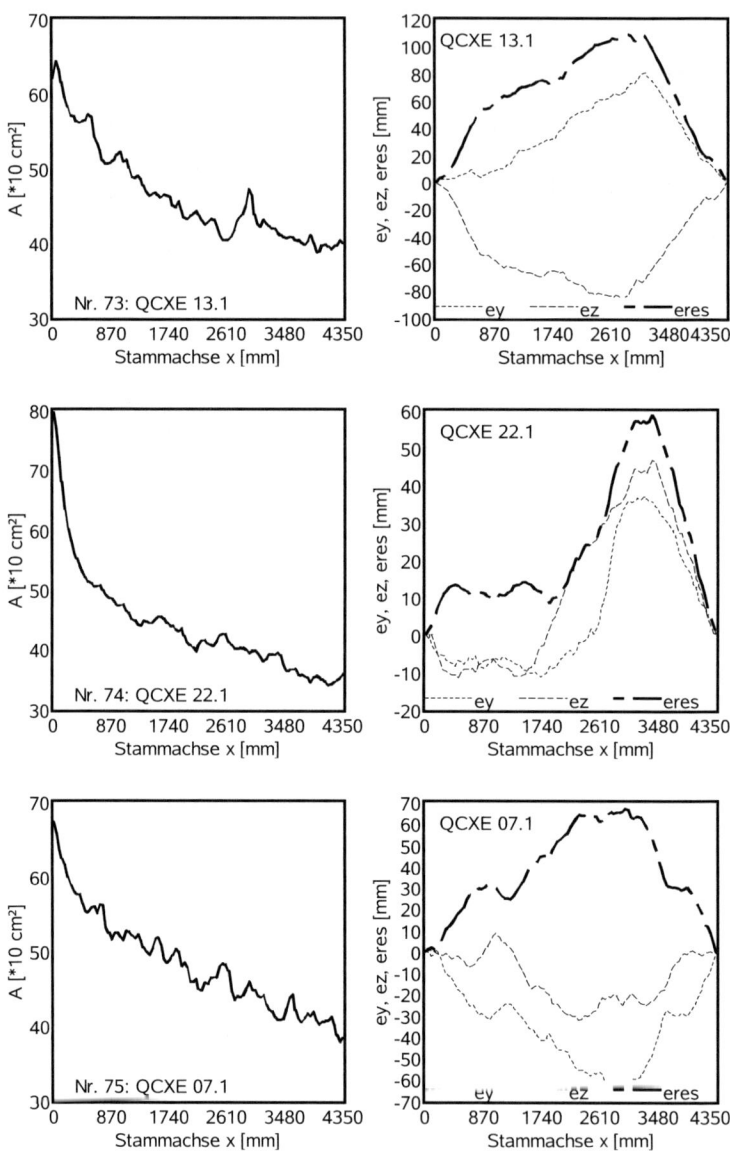

Bild 4-1   (Forts.) Querschnittsfläche und Exzentrizität

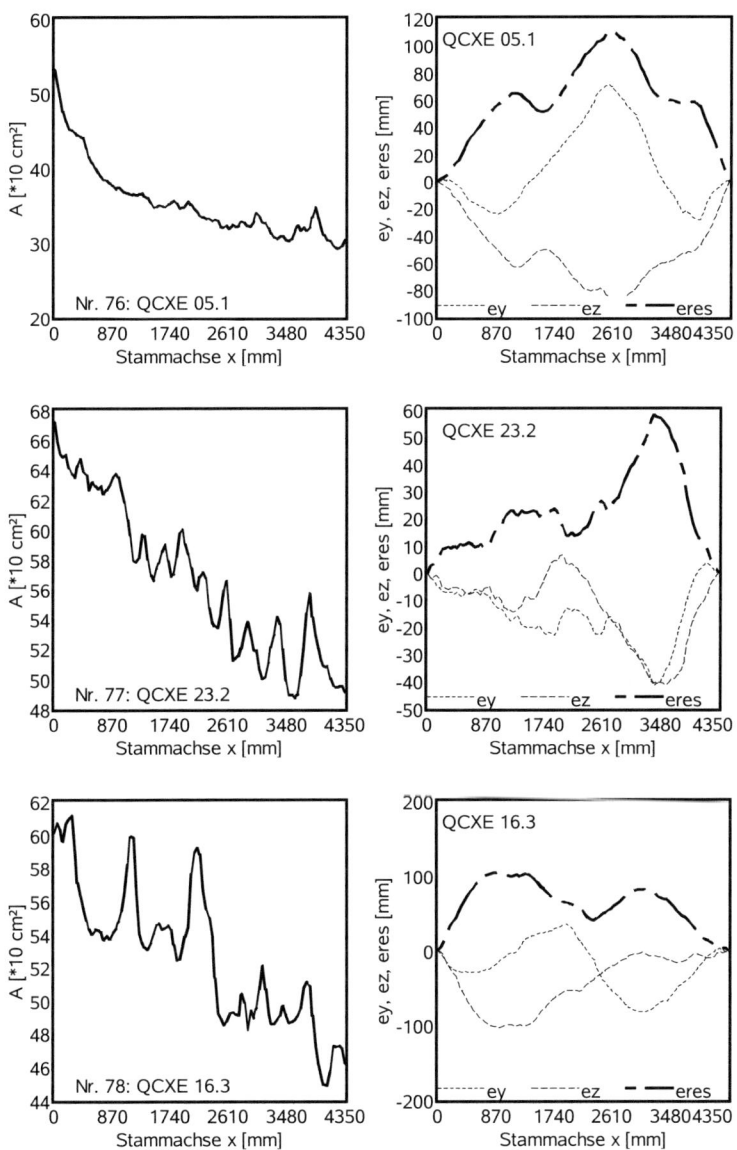

Bild 4-1   *(Forts.) Querschnittsfläche und Exzentrizität*

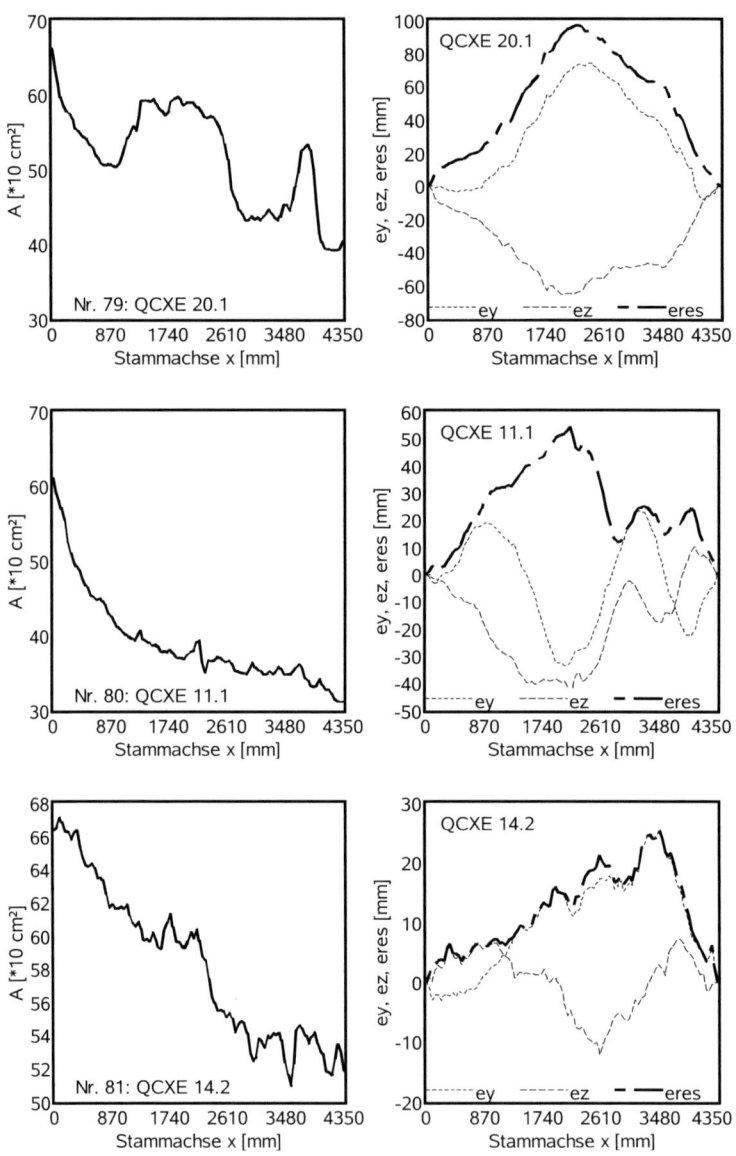

Bild 4-1   (Forts.) Querschnittsfläche und Exzentrizität

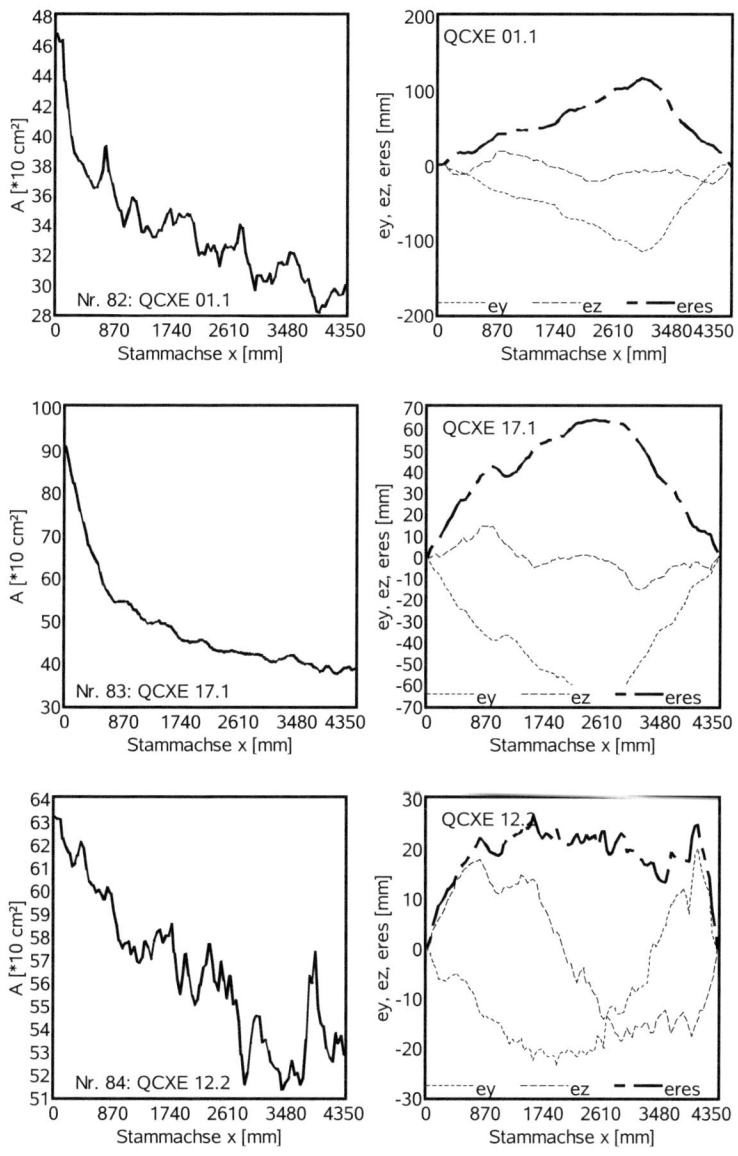

Bild 4-1   (Forts.) Querschnittsfläche und Exzentrizität

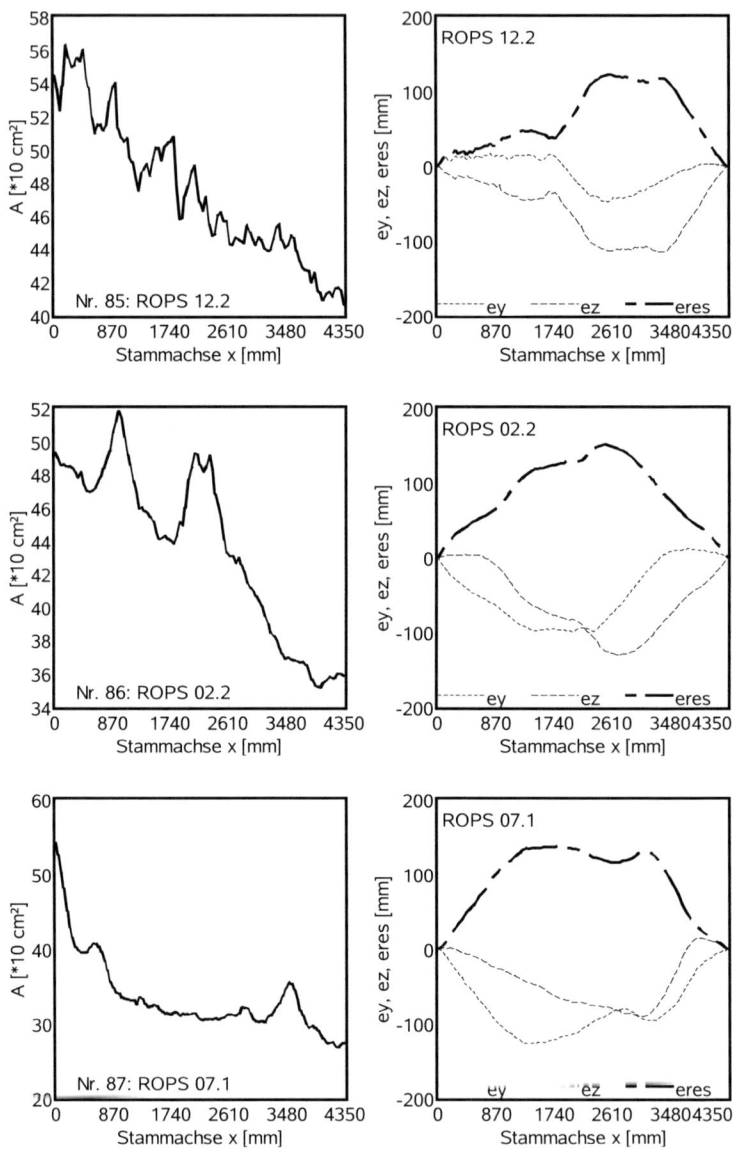

Bild 4-1   (Forts.) Querschnittsfläche und Exzentrizität

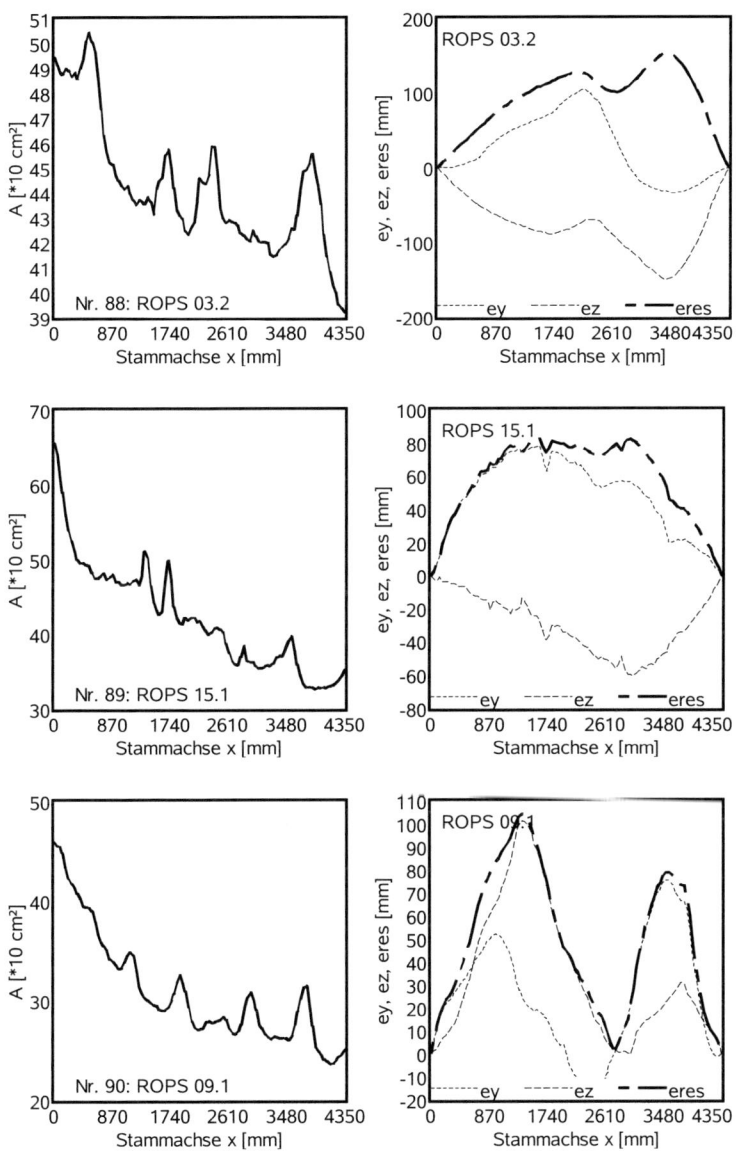

Bild 4-1   *(Forts.) Querschnittsfläche und Exzentrizität*

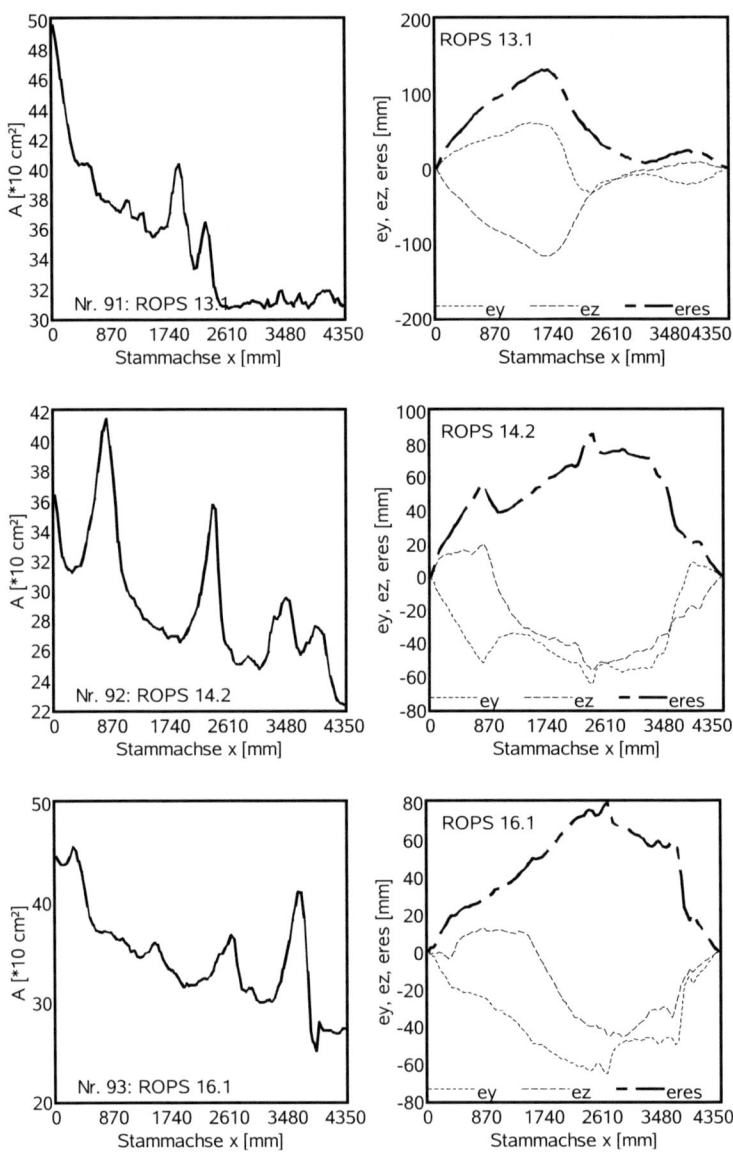

Bild 4-1   (Forts.) Querschnittsfläche und Exzentrizität

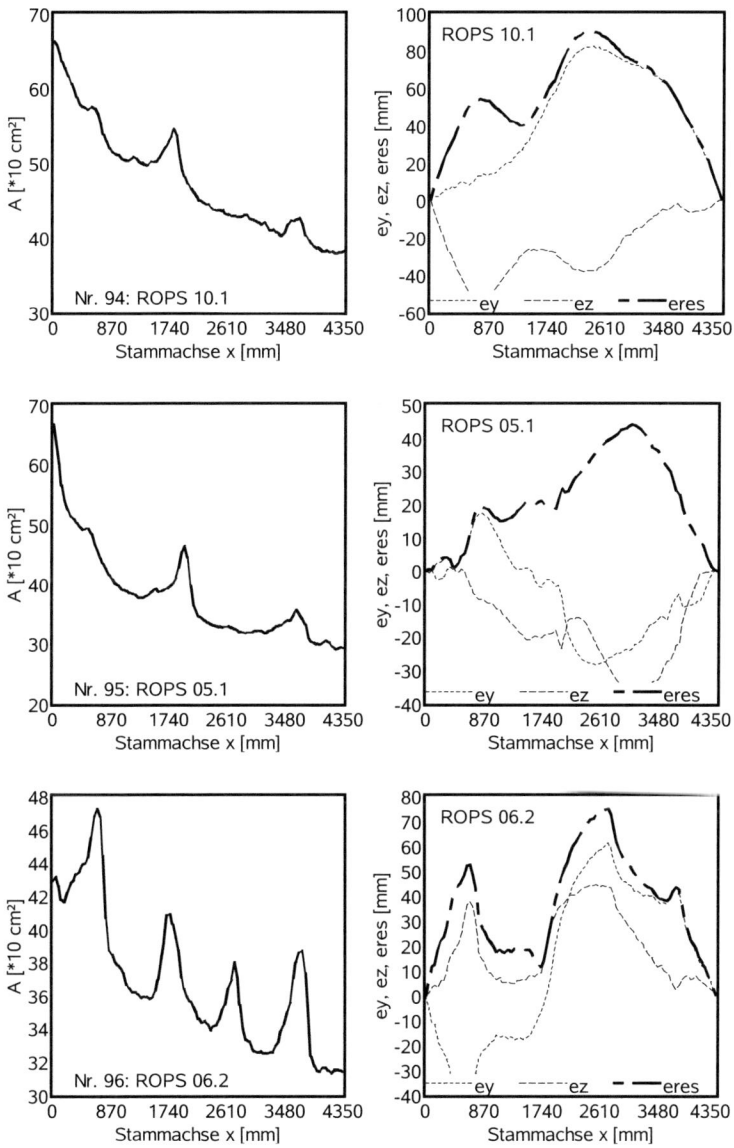

Bild 4-1   (Forts.) Querschnittsfläche und Exzentrizität

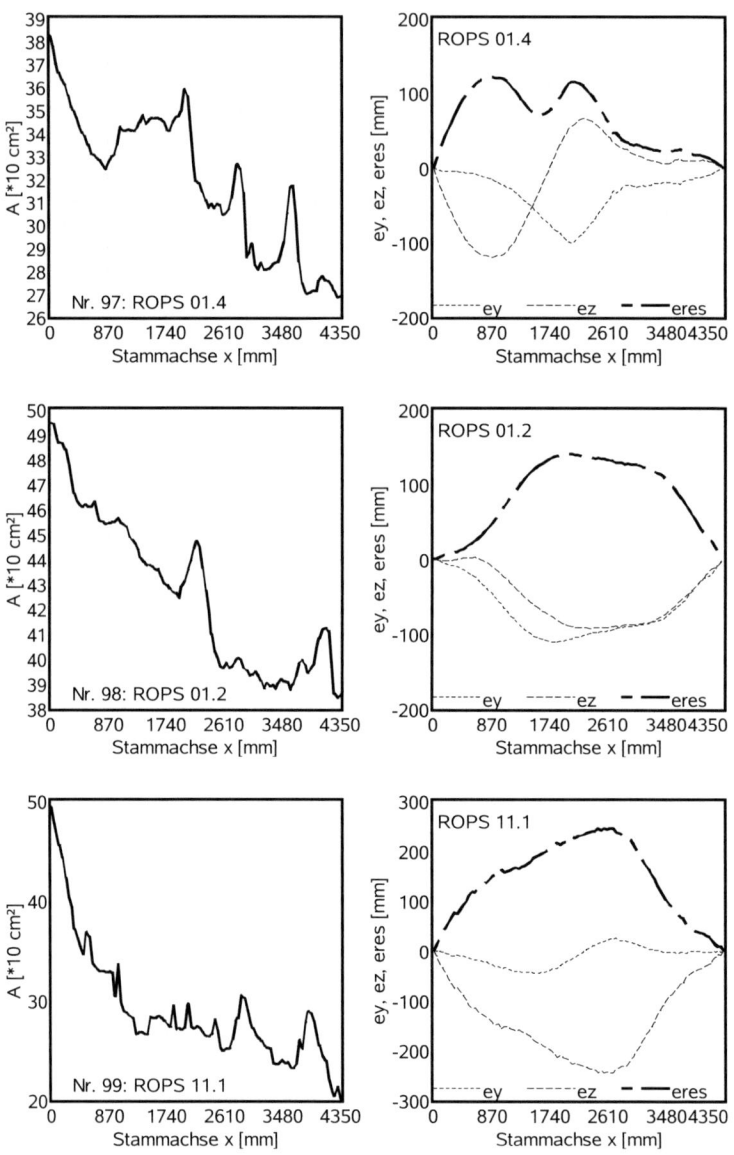

Bild 4-1   (Forts.) Querschnittsfläche und Exzentrizität

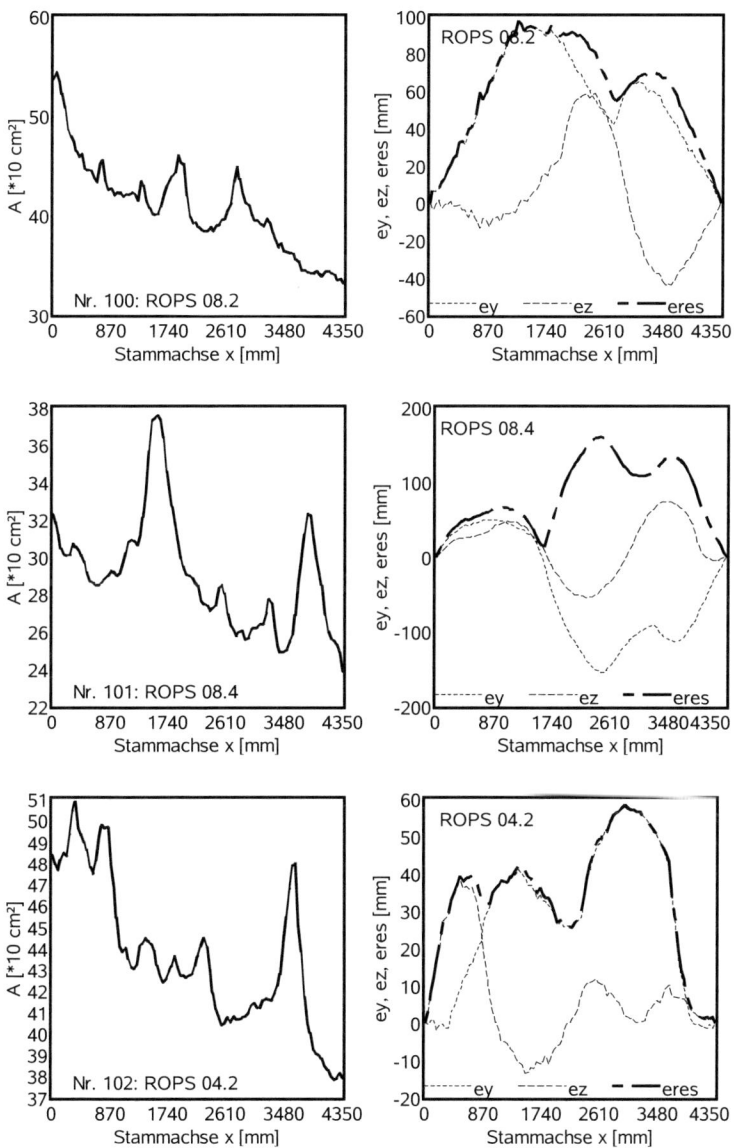

Bild 4-1   (Forts.) Querschnittsfläche und Exzentrizität

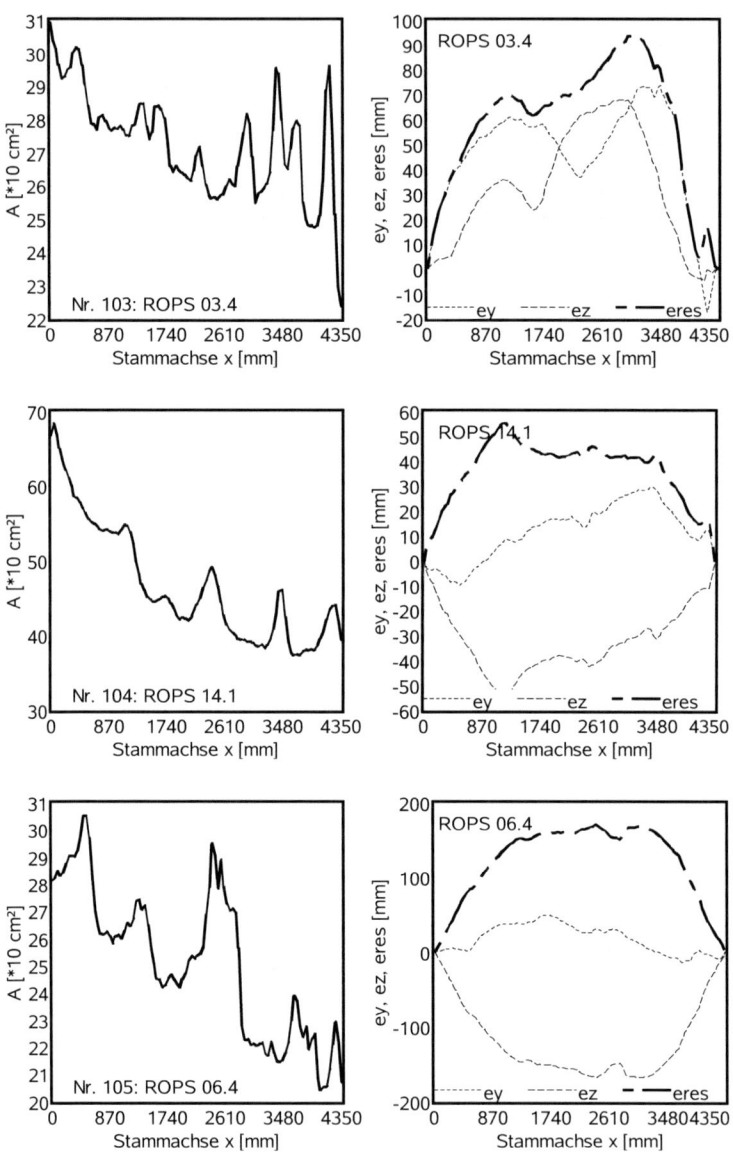

Bild 4-1   (Forts.) Querschnittsfläche und Exzentrizität

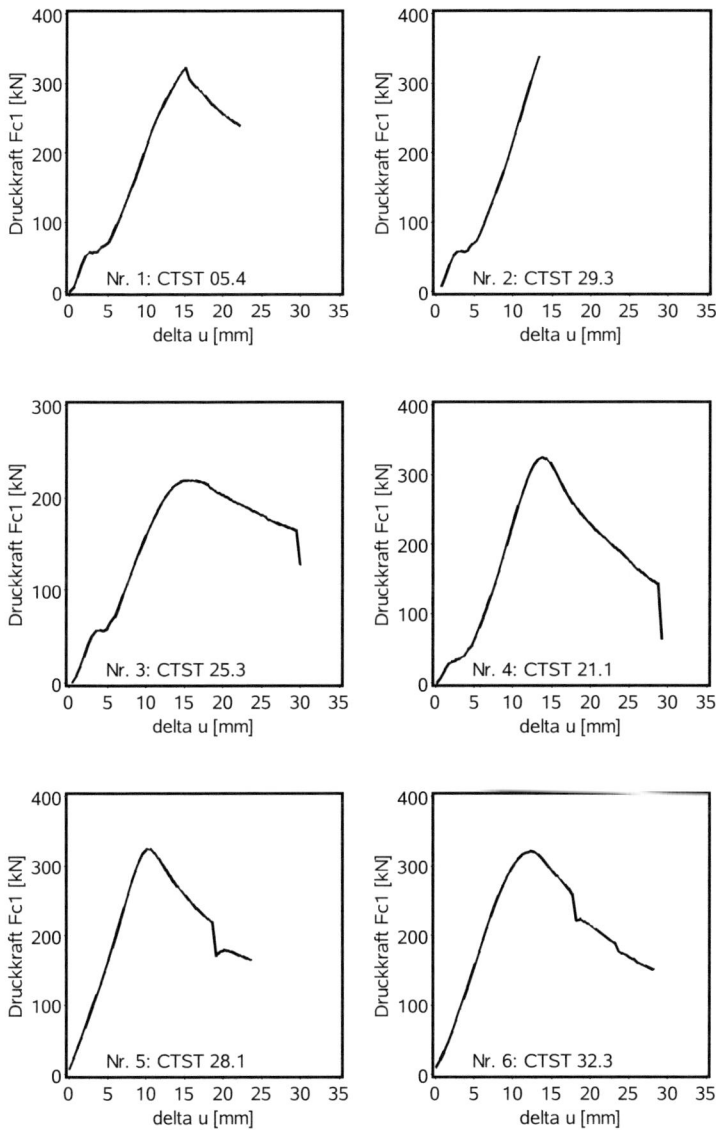

Bild 4-2   Lastverformungskurven der Druckversuche

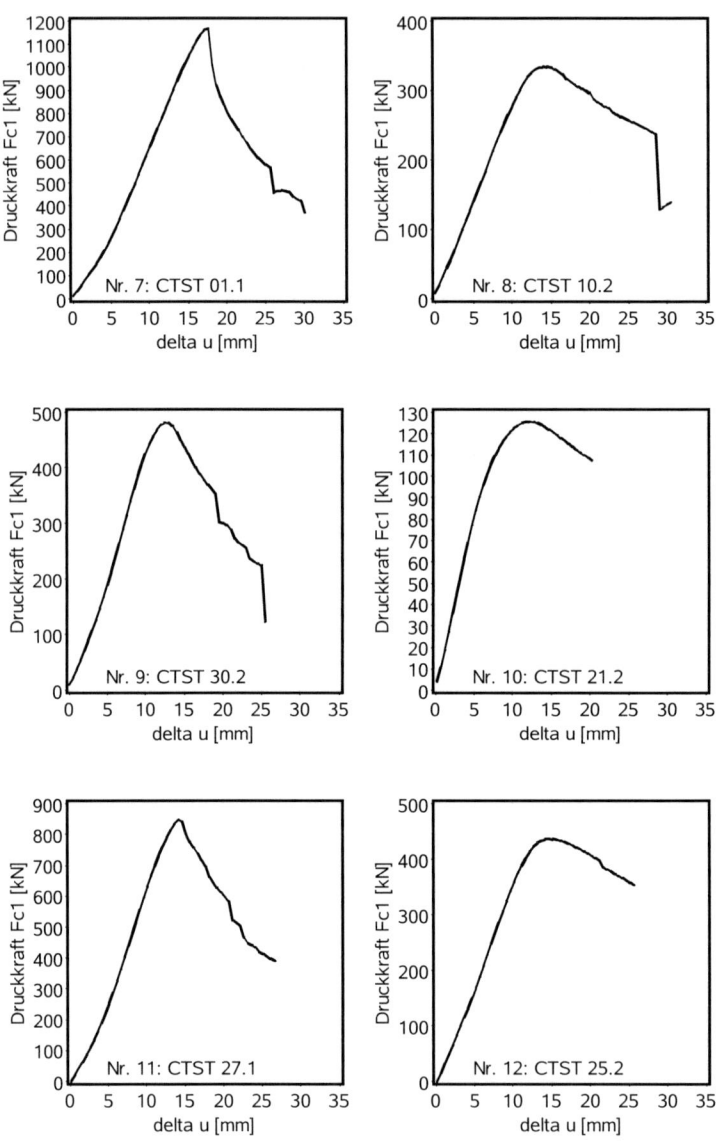

Bild 4-2   (Forts.) Lastverformungskurven der Druckversuche

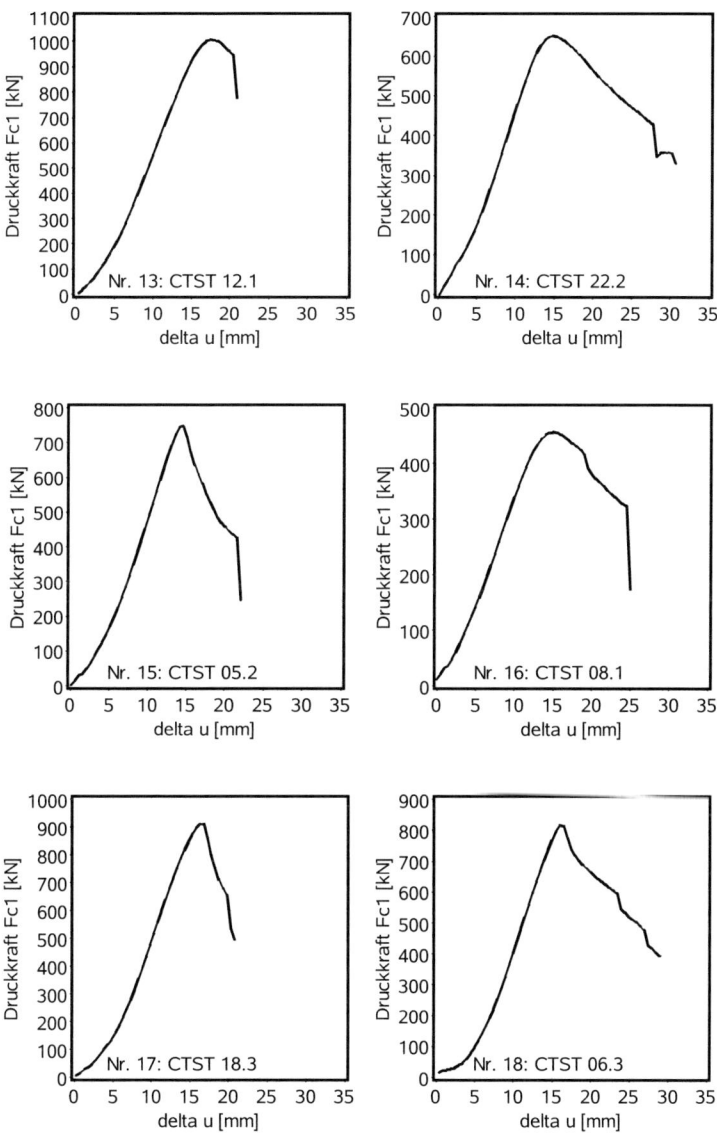

Bild 4-2   (Forts.) Lastverformungskurven der Druckversuche

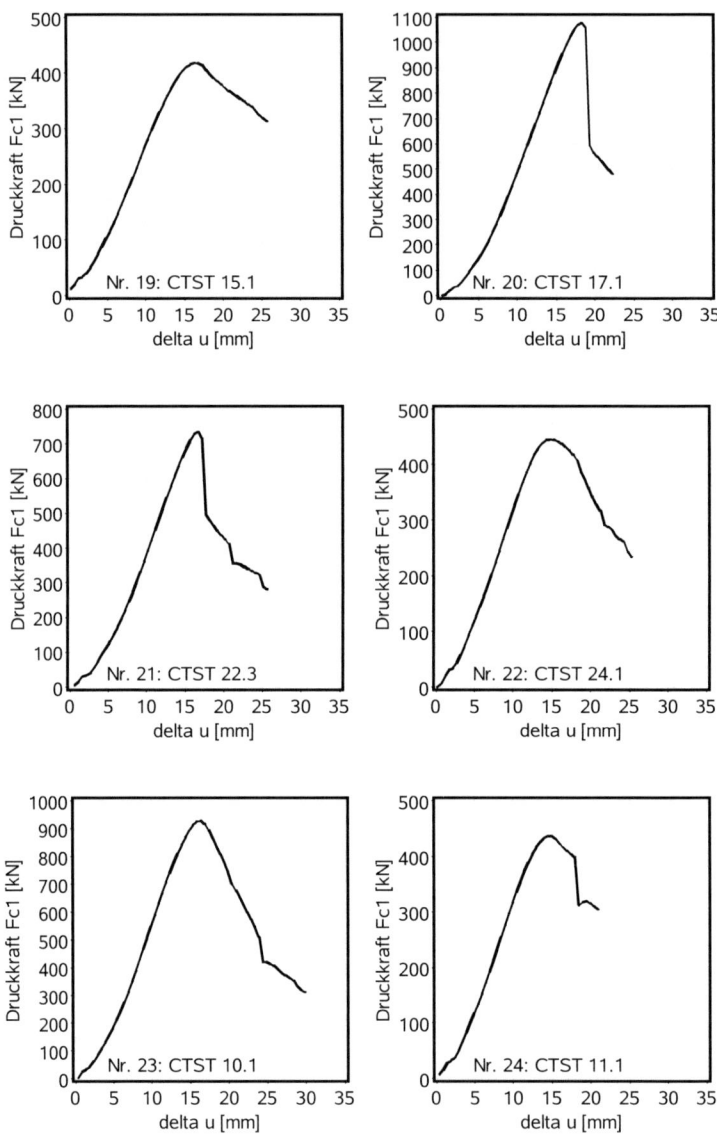

Bild 4-2   (Forts.) Lastverformungskurven der Druckversuche

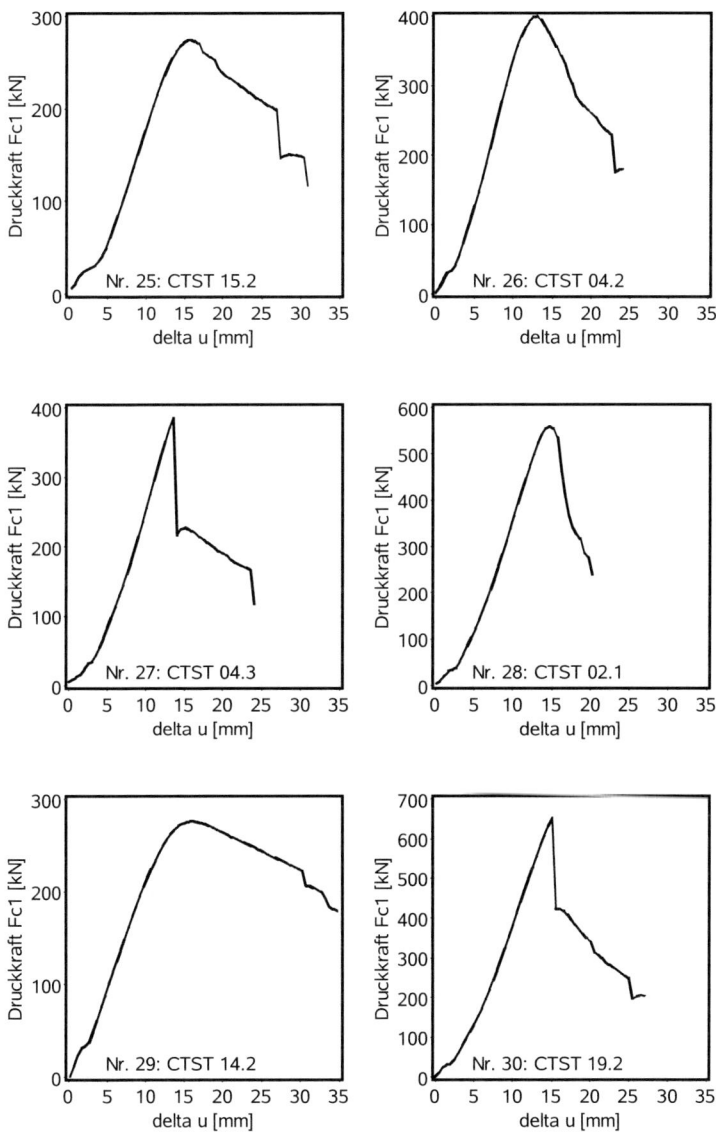

Bild 4-2   (Forts.) Lastverformungskurven der Druckversuche

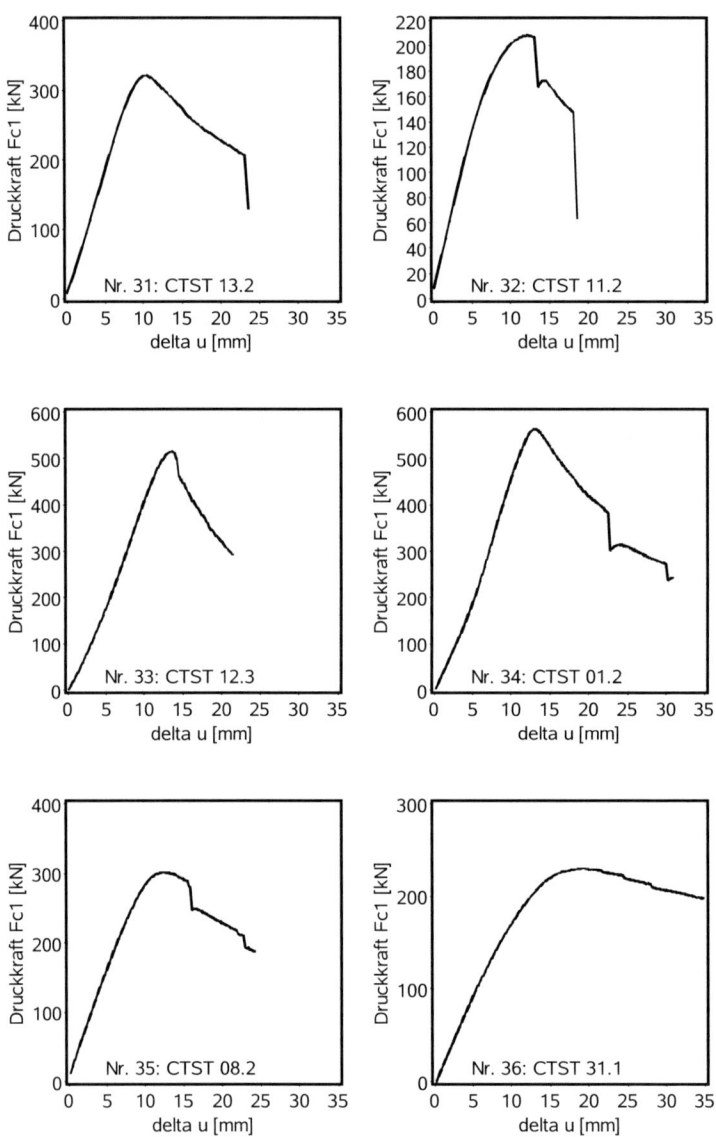

Bild 4-2   (Forts.) Lastverformungskurven der Druckversuche

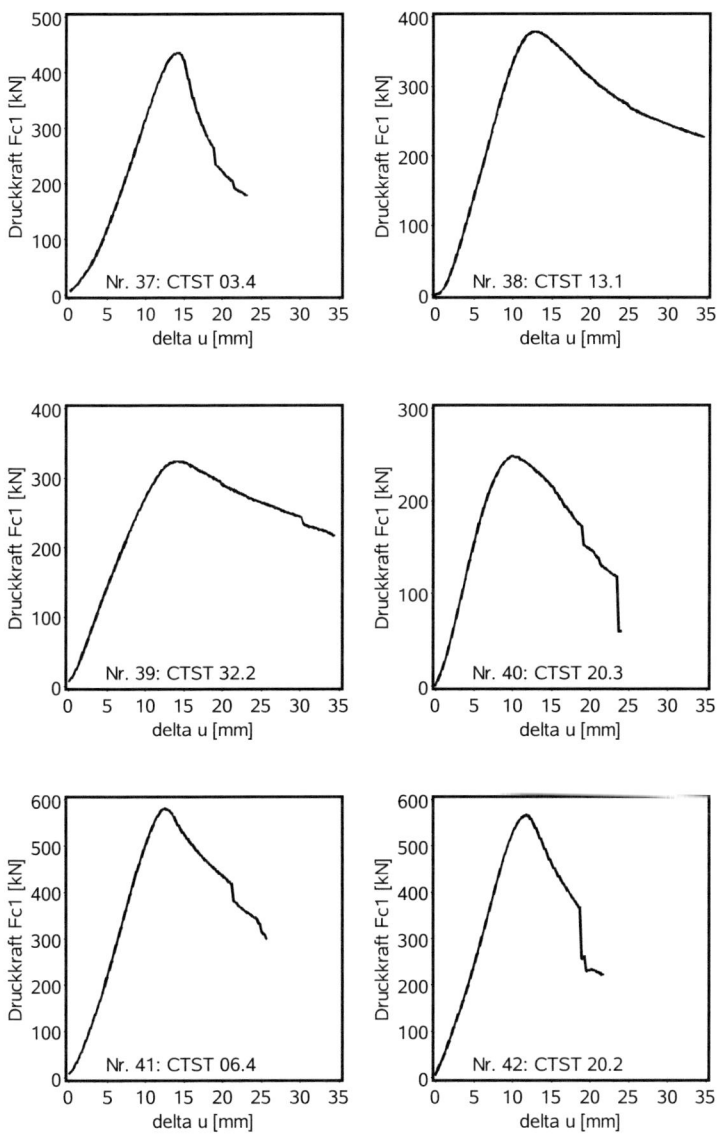

Bild 4-2 (Forts.) Lastverformungskurven der Druckversuche

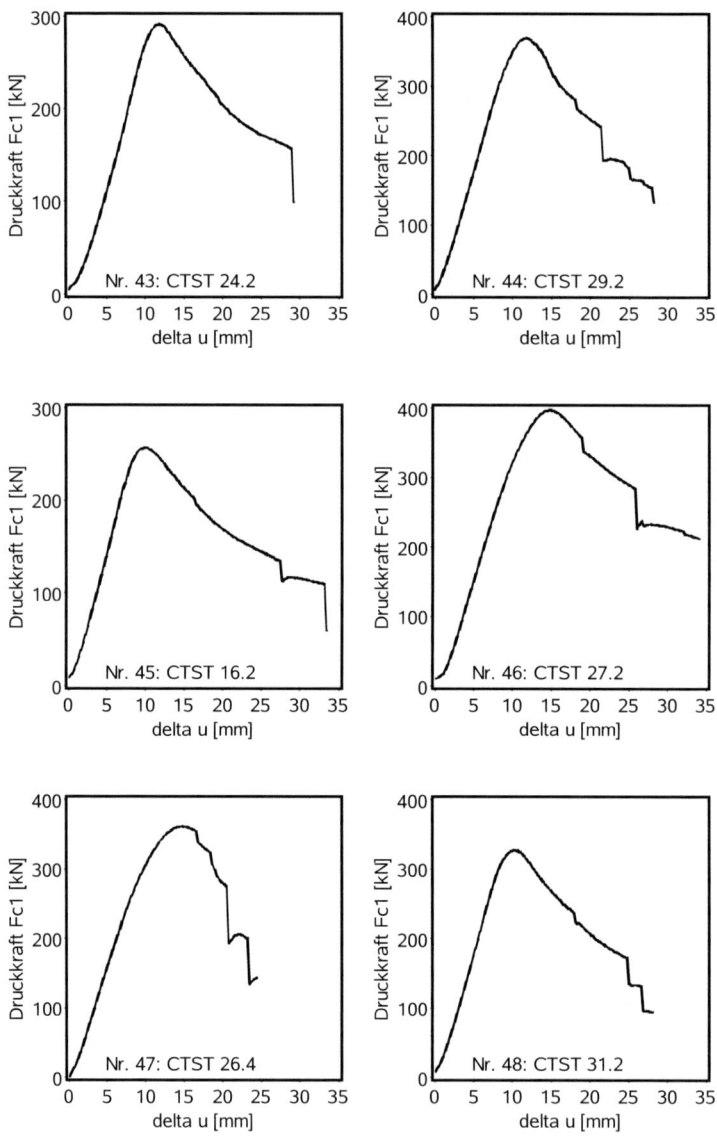

Bild 4-2   *(Forts.) Lastverformungskurven der Druckversuche*

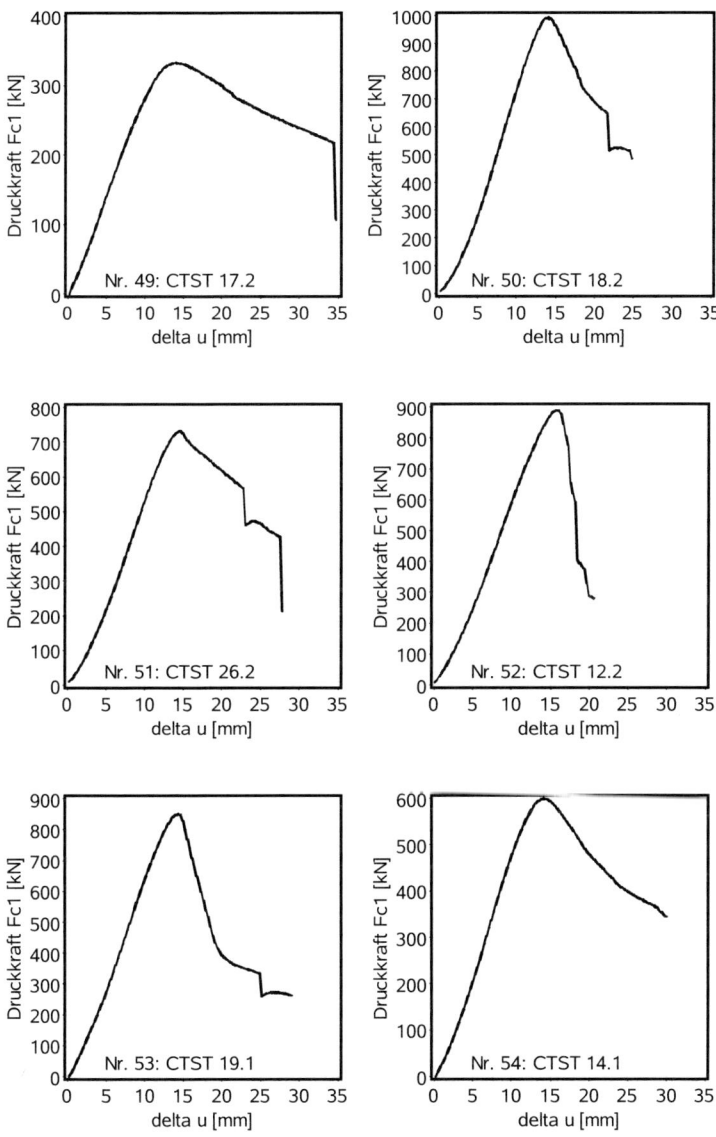

Bild 4-2   *(Forts.) Lastverformungskurven der Druckversuche*

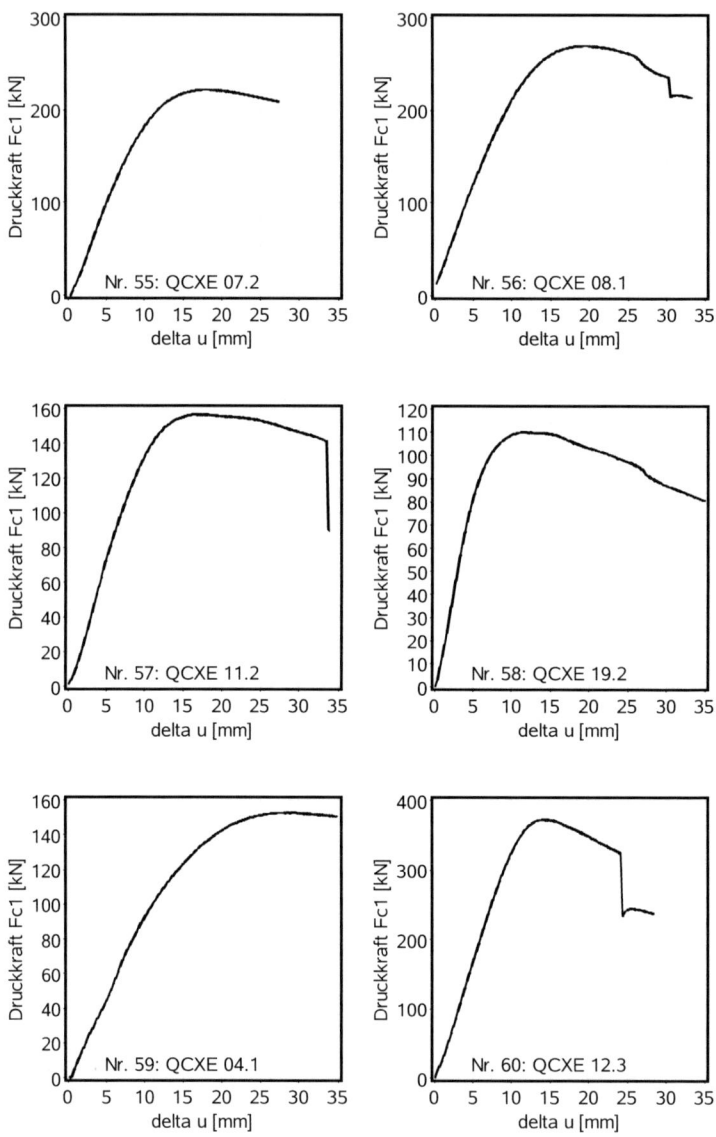

Bild 4-2   (Forts.) Lastverformungskurven der Druckversuche

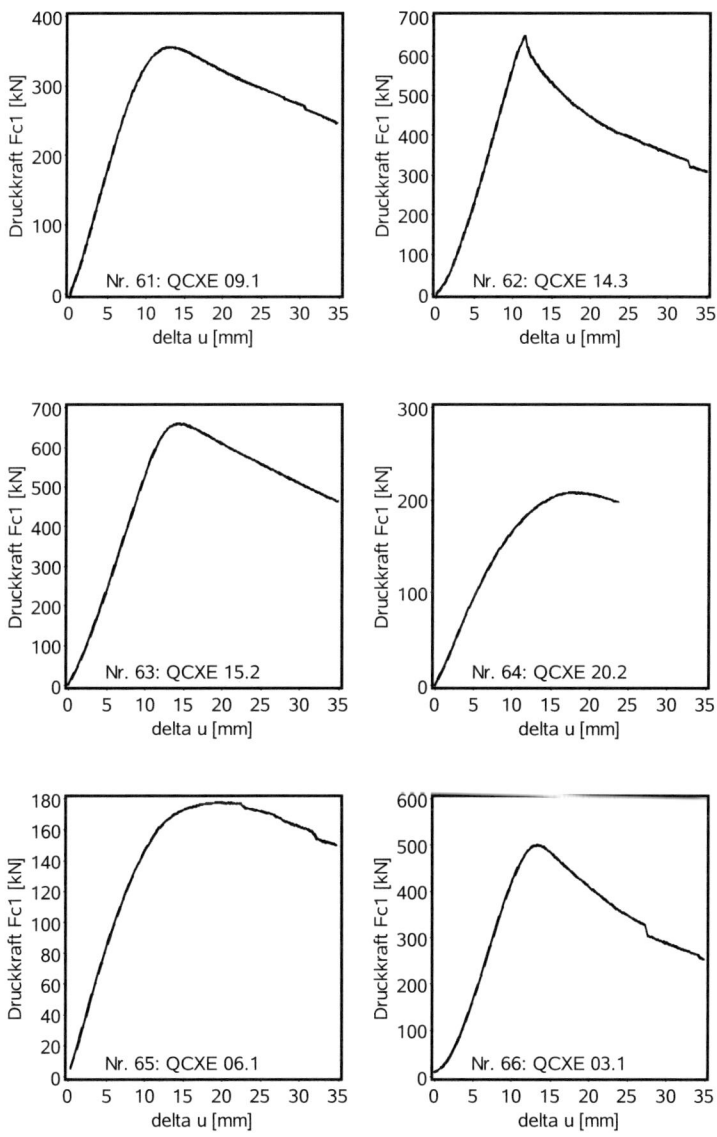

Bild 4-2   *(Forts.) Lastverformungskurven der Druckversuche*

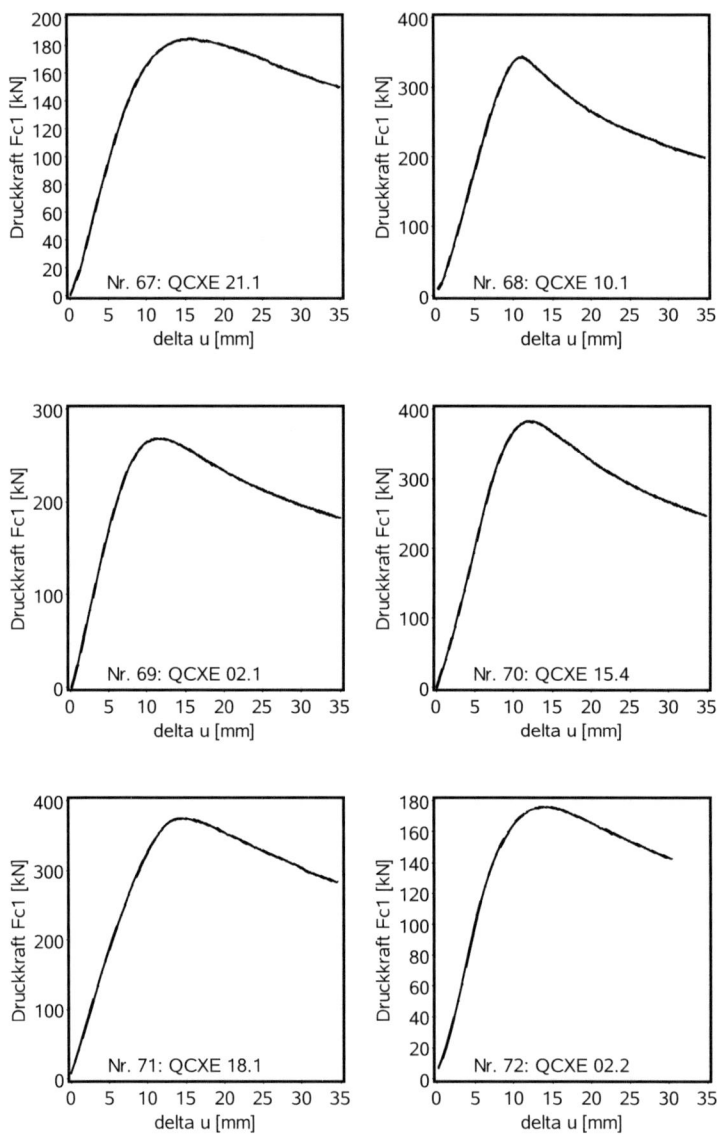

Bild 4-2   *(Forts.) Lastverformungskurven der Druckversuche*

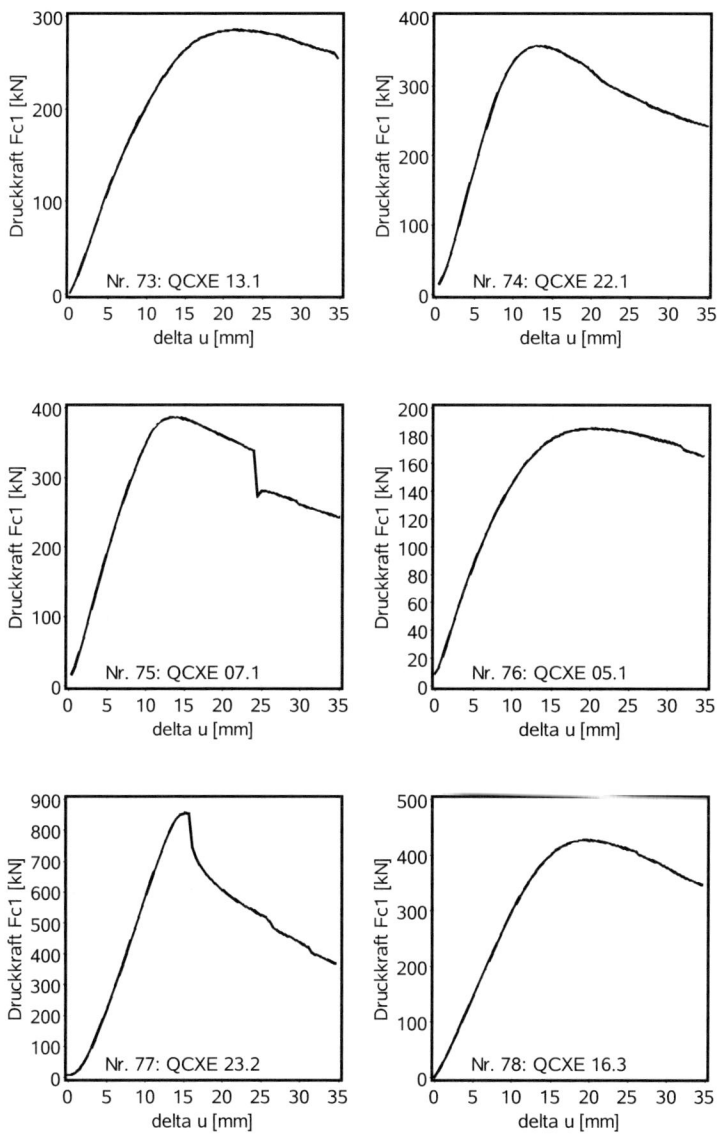

Bild 4-2 (Forts.) Lastverformungskurven der Druckversuche

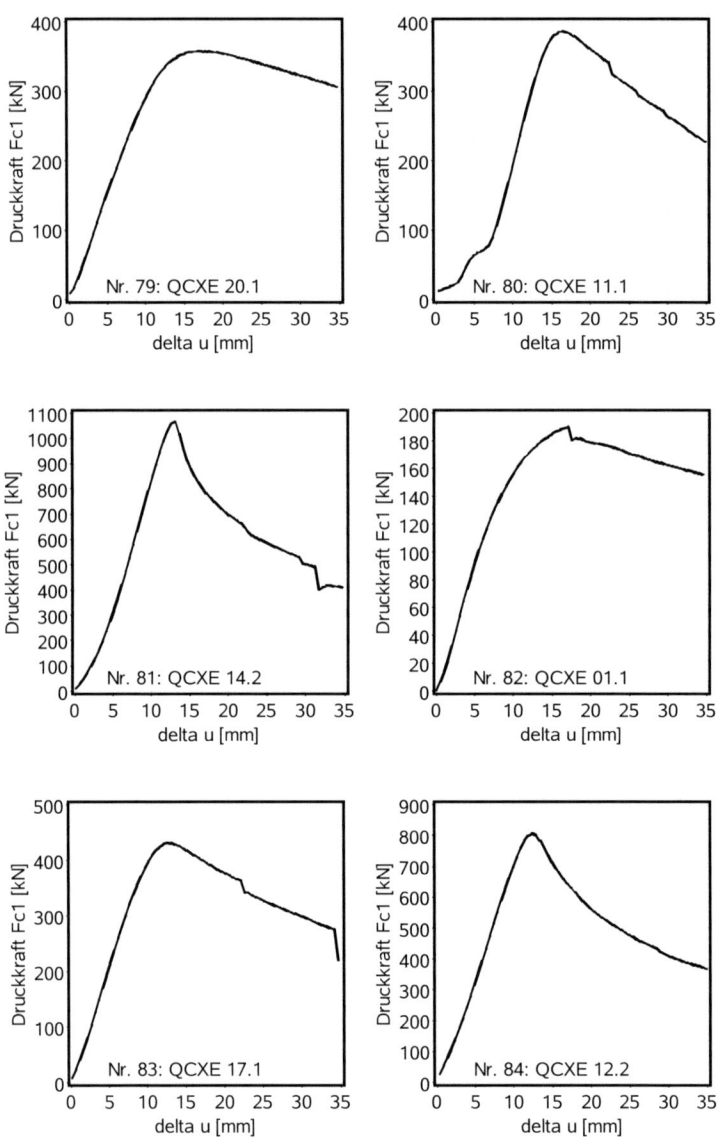

Bild 4-2   (Forts.) Lastverformungskurven der Druckversuche

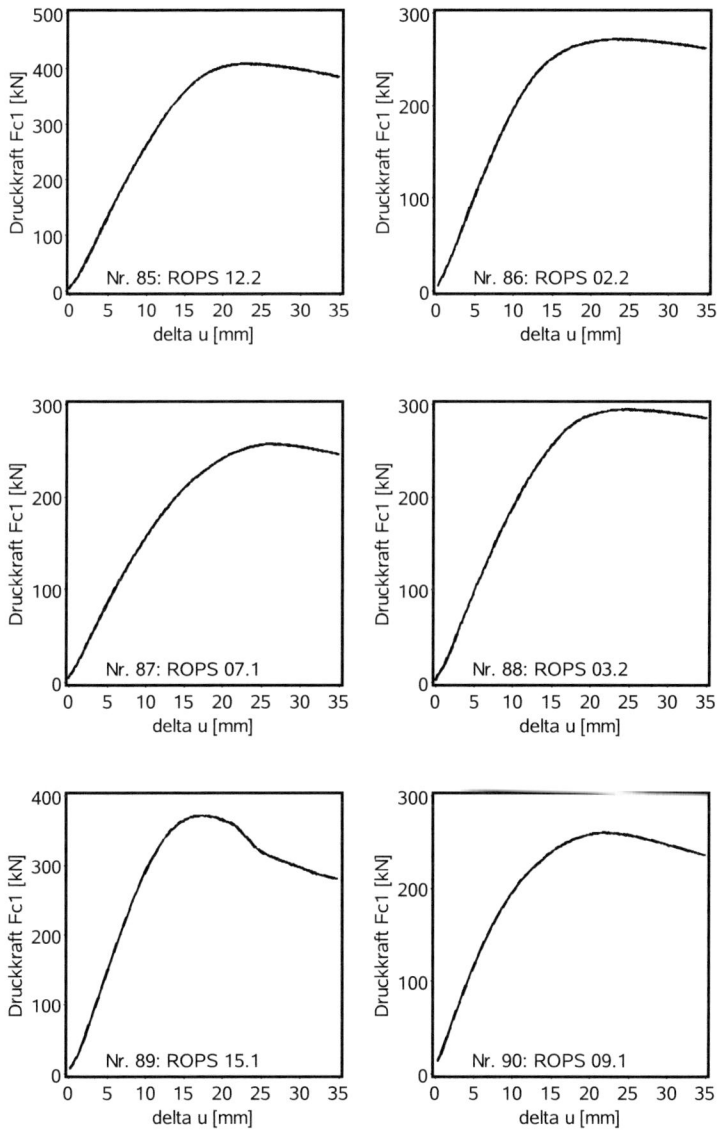

Bild 4-2   *(Forts.) Lastverformungskurven der Druckversuche*

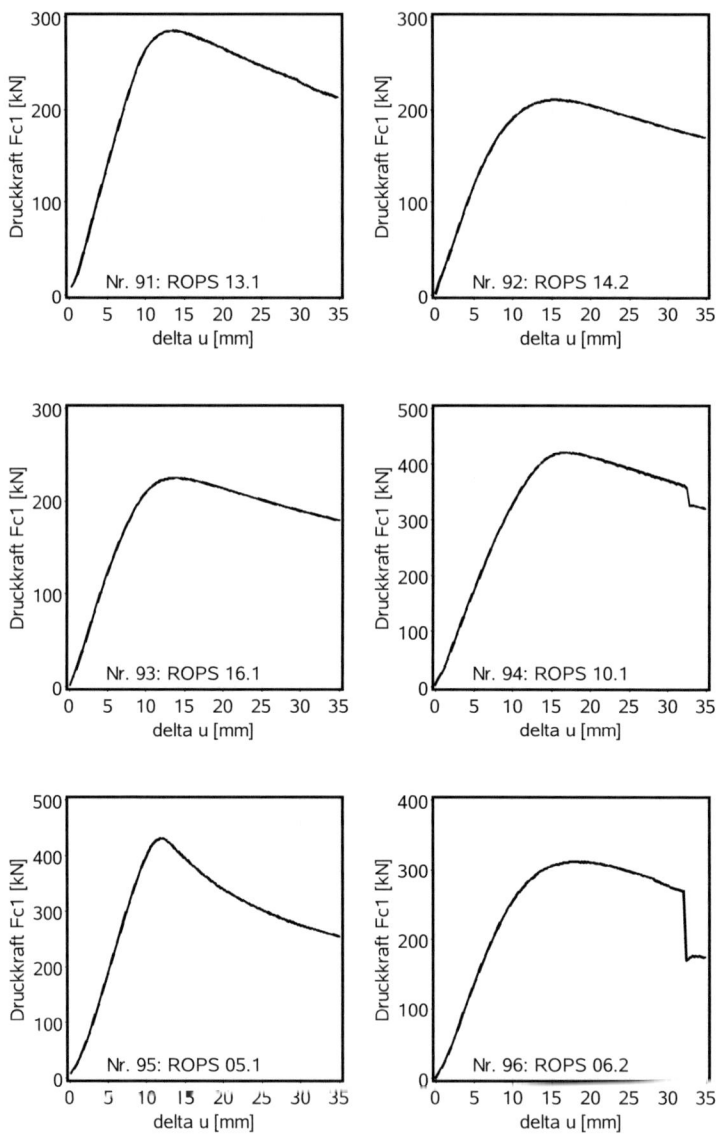

Bild 4-2   *(Forts.) Lastverformungskurven der Druckversuche*

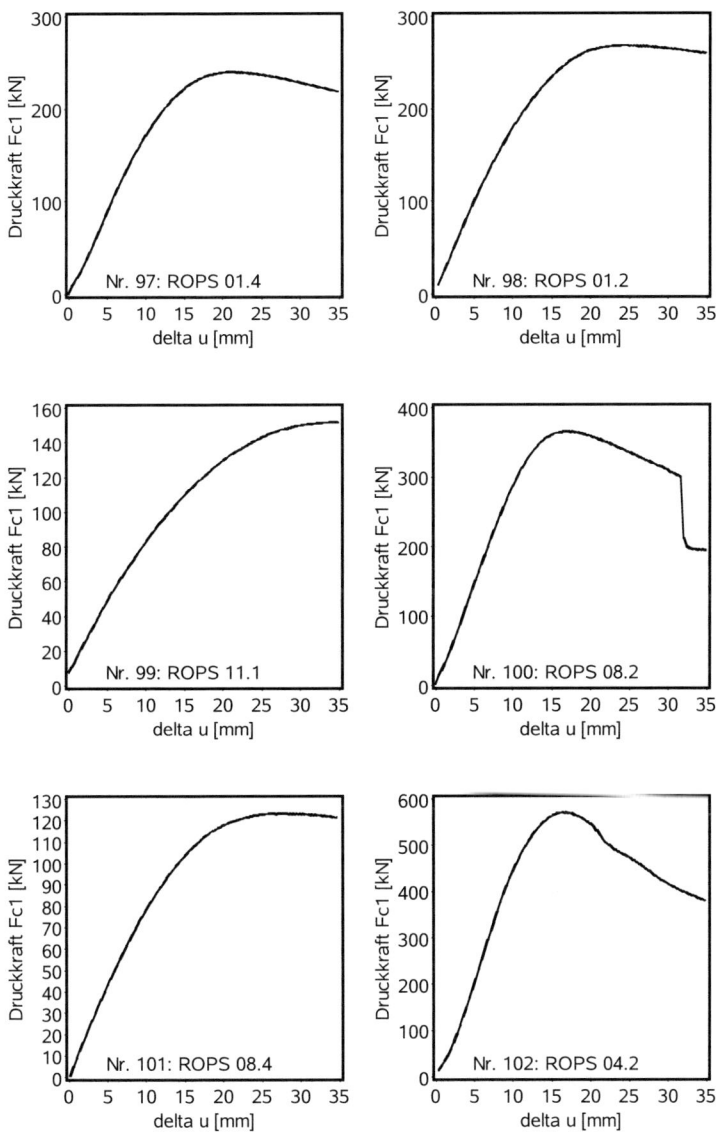

Bild 4-2   (Forts.) Lastverformungskurven der Druckversuche

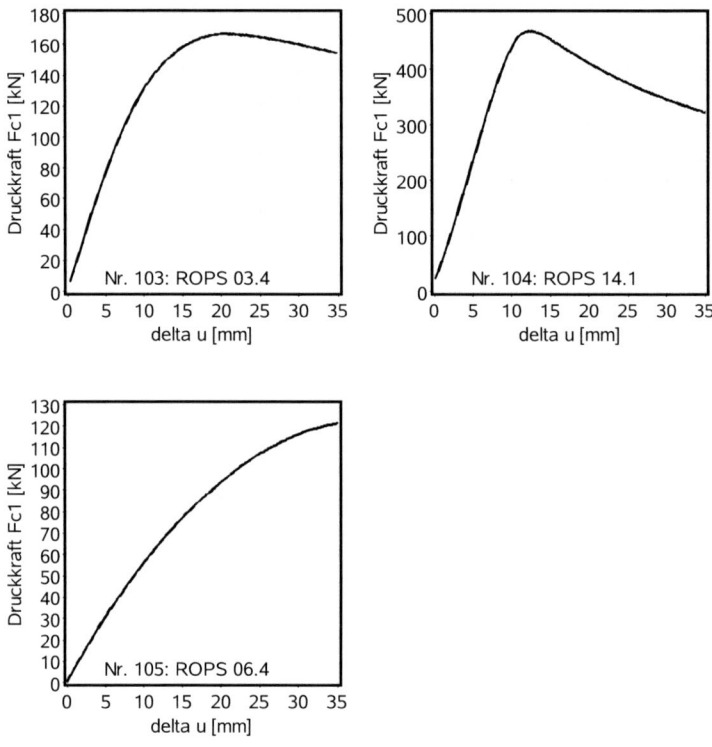

Bild 4-2   (Forts.) Lastverformungskurven der Druckversuche

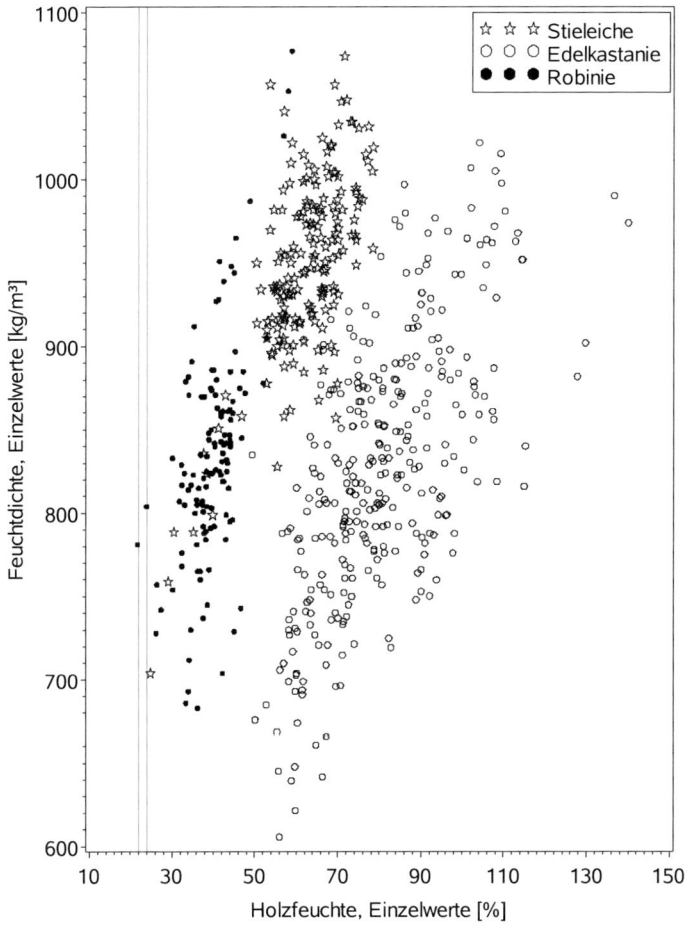

Bild 4-3   Feuchtdichte und Holzfeuchte aller Quader der zwei untersuchten Baumscheiben, Hilfslinien kennzeichnen den Bereich der Fasersättigungsfeuchte der drei Holzarten

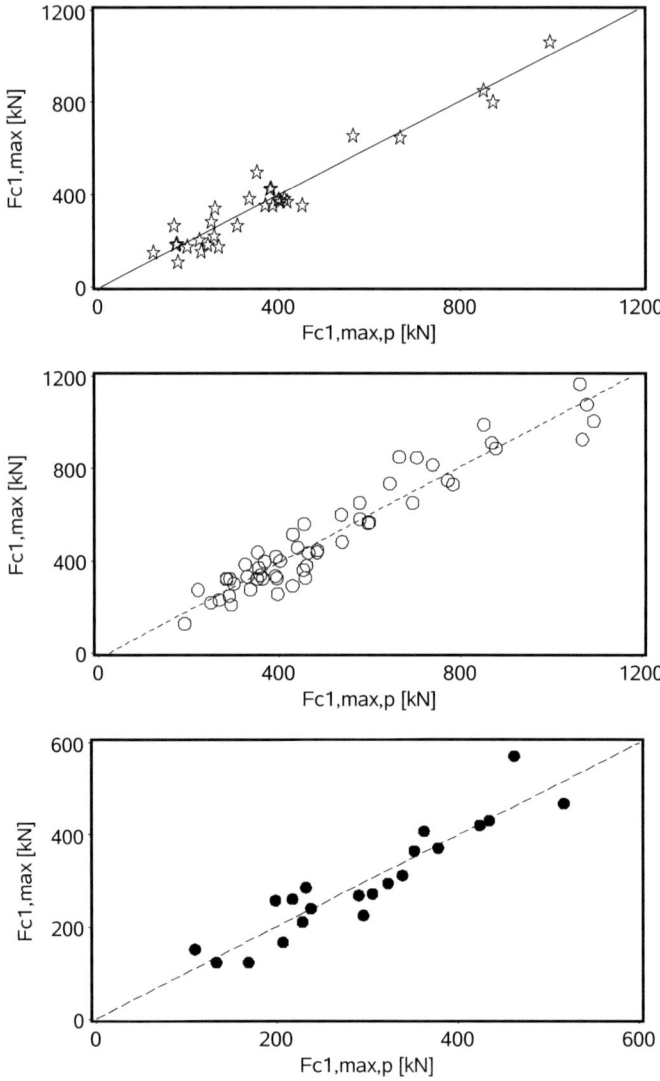

*Bild 4-4   Drucktragfähigkeit: Versuchs- und Erwartungswerte, Stieleiche
(oben), Edelkastanie (Mitte) und Robinie (unten)*

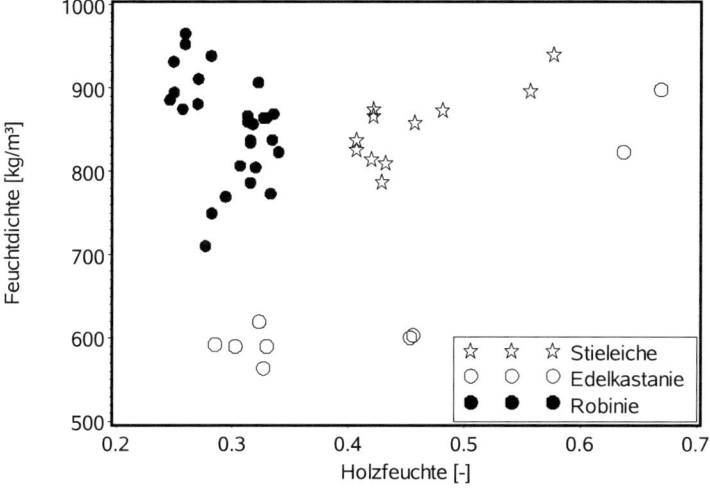

Bild 4-5   Feuchtdichte und Holzfeuchte der Prüfkörper für die Auszieh-versuche